容积卡尔曼滤波相位解缠方法相关问题研究

刘万利　张秋昭　著

燕山大学出版社

·秦皇岛·

图书在版编目(CIP)数据

容积卡尔曼滤波相位解缠方法相关问题研究/刘万利,张秋昭著. 一秦皇岛:燕山大学出版社,2020.10

ISBN 978-7-5761-0063-1

Ⅰ. ①容… Ⅱ. ①刘… ②张… Ⅲ. ①合成孔径雷达-干涉测量法-研究 Ⅳ. ①TN958

中国版本图书馆 CIP 数据核字(2020)第 166736 号

容积卡尔曼滤波相位解缠方法相关问题研究

刘万利　张秋昭　著

出 版 人：陈　玉

责任编辑：王　宁

封面设计：刘韦希

出版发行：燕山大学出版社 YANSHAN UNIVERSITY PRESS

地　　址：河北省秦皇岛市河北大街西段 438 号

邮政编码：066004

电　　话：0335-8387555

印　　刷：涿州市般润文化传播有限公司

经　　销：全国新华书店

开　本：700 mm×1000 mm　1/16		印　张：9.75	字　数：190 千字	
版　次：2020 年 10 月第 1 版		印　次：2020 年 10 月第 1 次印刷		

书　　号：ISBN 978-7-5761-0063-1

定　　价：68.00 元

前　言

合成孔径雷达干涉测量(InSAR)具有全天候、全天时、高效率获取目标区域数字高程模型(DEM)的能力,已广泛应用在地形测绘、地表形变监测、目标探测等领域。作为 InSAR 技术中的关键环节之一,相位解缠的成功与否直接关系到提取的目标高程信息的准确性,因此一直是 InSAR 技术应用研究的热点和难点。本书研究了适用于条纹密集、噪声水平高的干涉图的相位解缠方法及影响该类算法解缠结果的关键问题,包括卡尔曼滤波相位解缠的非线性模型,噪声去除以及质量图选取对相位解缠结果的影响,质量不连续干涉图的解缠方法及一些改进技术和策略等。

全书共分 7 章:第 1 章为绪论,简要总结了 InSAR、相位解缠、卡尔曼滤波相位解缠的基本概况;第 2 章阐述了 InSAR 常用的相位解缠方法;第 3 章介绍了卡尔曼滤波相位解缠方法;第 4 章介绍了预滤波对 CKF 相位解缠结果的影响;第 5 章研究了质量引导函数对 CKF 相位解缠结果的影响;第 6 章介绍了一种针对质量不连续干涉图的解缠策略;第 7 章为本书的结论与展望。

这里要感谢导师中国矿业大学卞正富教授的指导与帮助,感谢中国矿业大学刘振国博士在书稿撰写与修改过程中给予的帮助和修改意见,感谢徐州工程学院苏有慧教授、杨金云教授、姜英姿副教授对书稿提出的宝贵建议,感谢书中参考文献的作者们。

本书的研究工作和出版得到了江苏省自然科学基金青年项目(BK20170248)、徐州工程学院学术著作出版基金和江苏省高校优势学科建设工程项目(PAPD)的资助,在此一并表示感谢。

作者水平有限、经验尚浅,书中存在的谬误之处,恳请同行专家与读者斧正。联系方式为 liuwanli@xzit.edu.cn 或 qiuzhaozhang@cumt.edu.cn,作者不胜感谢。

目　录

1 绪 论

1.1 研究背景和意义

合成孔径雷达(Synthetic Aperture Radar,SAR)是一种主动式微波遥感器[1],具有全天候、全天时获取地表信息的特点,已成为一项不可或缺的对地观测新技术[2]。雷达干涉测量(Interferometric Synthetic Aperture Radar, InSAR)技术成功地综合了合成孔径雷达(SAR)的成像原理和干涉测量技术[3-7],利用传感器的系统参数、姿态参数和轨道之间的几何关系等精确测量地表某一点的三维空间位置及其微小变化,成为极具潜力的定量微波遥感新技术。广泛应用于地形测绘[8]、灾害监测评估(地震地壳形变[9-13]、火山运动[14]、山体滑坡[15]、区域地表沉降[16]等)、全球环境变化[17]、极地冰层变化[18]、冰川消融[19]、冻土退化[20]、冰川漂移[21]、能源资源勘查、油气田开采[22]、矿藏资源开采[23-27]、地下水开采[28]等领域。差分干涉测量(Differential InSAR, D-InSAR)技术作为 InSAR 技术的一个延伸[29],主要用于监测雷达视线方向厘米级或更微小的地球表面形变,以揭示许多诸如地震形变、火山运动、冰川漂移、地面沉降以及山体滑坡等地球物理现象。D-InSAR 技术因其监测范围大、空间分辨率高、无接触式测量等特点,能大大弥补传统测量手段的不足,因此在城市、工矿区地表形变监测中的应用也得到越来越多学者的关注[30-40]。

无论是 InSAR 还是 D-InSAR,为了获得地表高程或沿雷达斜距方向上的地表位移量,都必须确定干涉相位图中每一像素相位差的整周数,在 InSAR 中称为相位解缠[2]。相位解缠的准确与否直接关系到生成的高程和提取的形变的精确性高低[41]。因此,类似于 GNSS 定位中的整周模糊度确定问题,相位解缠一直是干涉测量数据处理中的重点和难点。尽管到目前为止,已经提出或衍生出众多的相位解缠算法与方法[42],但由于相位解缠易受各类噪声、各种地形和诸多其他因素影响,特别是当信噪比低、地形起伏大以及由于地形起伏引起的迭掩、阴影和其他各种原因造成的失相干现象导致相位数据的不连续等,给相位解缠带来诸多困难,也常常使传统的相位解缠算法及其改进算法无法获得满意的结果[43-45]。其主要原因有三个:第一,目前 SAR 成像系统为均匀取样,对一些特殊的区域是不够的,典型的例子如:快速起伏的地形(如悬崖、陡坡等)和过度的地表位移区域[46](地震引起的断层破裂带、煤矿开采引起的沉陷区),不足的采样率导致相位信号失真,阻碍了这些特殊区域内的连续相位重建;第二,相位噪声会导致相位解缠失败,当相位噪

声达到 π 时,很难将它们与真实相位信号区分开来[47-48];第三,干涉图中可能包含一些"岛屿",在这些岛屿内,相位质量高,相位解缠能顺利进行,然而,其他区域噪声太严重,致使相位解缠无法进行。典型实例如由河道、大路隔开的区域,海岛区域,多植被覆盖地区等[43-45]。

常用的比较成熟的相位解缠方法受相位残差点的影响,难以有效展开部分复杂地形干涉图。这是因为复杂地形干涉图条纹复杂且稀疏不均,非常容易受相位噪声的影响,干涉图中存在着大量的相位残差点[49]。此外,这些方法需在相位展开前先进行噪声滤波,导致包含在噪声中的相位信息可能丢失,且丢失的信息引起的相位误差将沿积分路径积累或影响其他未受噪声污染的区域,从而导致相位解缠精度下降[50-53]。Krämer 和 Loffeld 等首次把卡尔曼滤波应用到相位解缠之中,将相位解缠问题转化为状态估计问题,既不受相位残差点影响,也可以避免一般方法必须首先进行相位噪声消除才能进行相位解缠的不足,实现相位解缠与噪声消除一并处理的目的,已成为一种新的相位解缠模式[50-53]。本书在综述和验证既有卡尔曼滤波相位解缠模型的基础上,提出将 Cubature 卡尔曼滤波(CKF)模型用于相位解缠。研究表明,CKF 模型对噪声较大、条纹较密的区域的相位解缠具有较好的效果。

1.2 国内外研究现状

1.2.1 InSAR 发展历程

1951 年,美国的 Goodyear 宇航中心的 Carl Wiley 利用频率分析方法来提高雷达方位向角分辨率,提出了 InSAR 技术的概念。次年,该研究组成功研制出第一个实用化的 SAR 系统,并于 1953 年获取了第一幅机载 SAR 影像。1969 年,InSAR 被 Rogers 应用于金星观测[54];1972 年,Zisk 采用 InSAR 技术获取了精度优于 500 米的月球表面地形[55-56];1974 年,L. C. Graham 论述了干涉合成孔径雷达地形测绘原理,验证了 InSAR 技术地形测量的有效性及必要条件[57]。20 世纪 70 年代末期,美国喷气推进实验室成功发射 SEASAT-A 飞船,首次从太空获取了地球表面雷达干涉的测量数据,标志着星载 SAR 已经由实验研究转向应用研究[44]。进入 20 世纪 80 年代后,星载 SAR 得到了迅速发展,许多国家和机构发射了较多的雷达卫星,为科学研究提供了大量的干涉测量数据。然而,最初发射的 SAR 卫星都不是针对 InSAR 设计的,不能较好地满足 InSAR 在获取地面三维信息、监测地表形变等领域的应用需求。近年来所发射的星载 SAR 系统均考虑了 InSAR 的应用需求。20 世纪 90 年代后,美国、欧盟、日本、俄罗斯和加拿大等国家和地区相继成功发射了自己的 SAR 卫星。截至目前,全球共有约 20 多个卫星 SAR 系统在轨,10 余个星载 SAR 系统在建。在未来 10 年,美国计划发展约 10 个星载 SAR 系统,欧空局计划发展 10 余个星载 SAR 系统,德国计划发射约 6 个星载 SAR 系统,加拿大计划发展约 3 个以上的星载 SAR 系统。表 1-1 给出了部分常用的 SAR 系统及其主要参数[43,58]。

表 1-1 国际上典型的星载 SAR 系统

Table 1-1 Current typical satellite SAR systems

卫星名称	组织/国家	发射时间	工作波段	重访周期 days	通道高度 (km)	分辨率 m	侧视角 (°)
ERS-1	ESA	1991	C	3	785	25	23
JERS-1	日本	1992	L	44	565	30	35
ERS-2	ESA	1995	C	35	785	25	23
Radarsat1	加拿大	1995	C	24	792	8~100	20~50
Envisat	ESA	2002	C	35	800	28~150	15~45
ALOS	日本	2006	L	46	691	7~100	8~60
Radarsat2	加拿大	2007	C	24	798	3~100	20~60
COSMO-Skymed	意大利	2007	X	1~4	619	1~100	20~60
TerraSAR-X	德国	2007	X	11	514	1~16	20~55
Sentinel-1A	ESA	2014	C	12	250~400	5	—

我国对 InSAR 系统的研究落后于欧美等发达国家,且发展水平不高,开始于 20 世纪 70 年代后期,在 80 年代后期才有机载 SAR 系统。1987 年我国"863"计划正式提出了星载 SAR 的研究任务。2012 年 12 月 9 日,我国环境一号 C 星首次开机成像,成功获取首幅合成孔径雷达影像图,但目前为 InSAR 提供的 SAR 数据还很少,数据源的限制一定程度上影响了我国 InSAR 技术的发展。

随着科学技术的发展,研究的不断深入、成熟,未来 SAR 数据获取会更加丰富、便捷,数据质量、精度会不断提高。随着高尖端技术的不断涌现,相关交叉学科中技术的不断融合,InSAR 技术的应用前景值得期待。

1.2.2 相位解缠研究现状

相位解缠是 InSAR 数据处理中的关键步骤之一[2]。从原理上讲,InSAR 干涉图中的相位与地面位置直接相关并且以 2π 为模,为了计算每一点的高程,必须给每一个相位测量值加上整数倍的相位周期[59],这种求解整周数的步骤称为相位解缠。因此,相位解缠是否准确直接关系到提取的目标高程信息的正确性和精确性,一直是 InSAR 技术应用研究的热点和难点[43]。

1977 年,Fried 首次提出利用最小二乘拟合技术来进行相位解缠[60],受到了早期相位解缠学者的广泛关注。1982 年,Itoh 详细分析了一维相位解缠问题[61],证明了在一定前提下,相位解缠可以通过对缠绕相位作差分再缠绕然后求积分来实现,解缠的结果即等于真实的相位值。这个前提就是相邻像素之间的相位差绝对值 π。然而在有噪声存在、相位混叠和地形突变等情况下,这个条件通常很难满足,因而在实际解缠时就会引起一些问题[61]。另外,由于干涉图本身是二维数据,采用一维积分通常会由于所用信息的片面性导致解缠结果的不可靠性。因此一维的情形,几乎不可能从缠绕相位中恢复真实的相位值。将一维拓展到二维情形,同时由于上述提到的实际问题的复杂性,使得二维解缠更具有挑战性[61]。但经过许多学者多年的努力,找到了一些解决问题的途径。从 20 世纪 80 年代开始,二维相位解缠方法进入了快速发展期,许多新的解缠方法被相继提出[62]。进入 21 世纪,随着长时间序列 SAR 数据的获得及相关 InSAR 技术的发展(例如 PS-DInSAR 技术、多基线 InSAR 技术等),出现了一些三维相位解缠算法[63-66]。目前对于三维相位解缠算法的研究还比较少。不论二维还是三维相位解缠算法,大致都可以分为三类:路径跟踪算法、最小范数算法和网络规划算法[67-68]。

1987 年,Ghiglia 等人首次描述了在二维情况下解缠结果与解缠路径相关的现象,同时揭示了产生这一现象的数学原因[69]。1988 年,Goldstein 和 Zebker 等人首次从复变函数的角度描述了导致解缠结果不连续的数学原因,提出了一种全局枝切线长度最小的连接策略,并给出了经典的路径跟踪算法,即枝切法[44]。对于相位残差点较少的干涉图而言,该方法相位解缠精度非常高,但当干涉图存在大量的相位残差点时,则难以设置合适的"枝切线",有时甚至形成积分路径无法达到的孤立区域,从而无法获得完整的相位解缠图[70]。1989 年,Huntley 对该算法作了改进,使其对噪声更具免疫性。然而该改进算法在残差点密集的情况下,局部区域的枝切线可能会出现错误,从而可能引起全局误差[70-71]。1990 年,Prati 等人提出了利用质量图引导连接枝切线的相位解缠技术,该技术在连接枝切线时利用了质量图的信息,提高了获取正确枝切线位置的概率[72]。1996 年,Flynn 提出了另一种利用质量图指导设置枝切线的方法,即掩膜法(Mask-cut),有效地隔离了噪声,同时实现相位解缠,与枝切法相比有很大程度的改进,但前提是具有可靠的相位质量图[73]。Quiroga 等人提出了采用动态变化门限生成掩膜的技术,从而使得掩膜域的大小和位置更为合理化[74]。2007 年,Yamaki 提出了一种利用洪水扩散的模型来连接正负残点的相位解缠方法[75]。2008 年,魏志强等人提出了一种基于蚁群算法的相位解缠算法,借助蚁群优化路径的技术自适应地寻找正负残点间的枝切线[76]。2012 年,Gao Dapeng 等人提出了一种改进的 mask-cut 算法,相比于传统 mask-cut 算法而言,该算法的好处是可以生成更加精细的掩膜区域从而避免不必要的像素被掩膜所覆盖[77]。枝切法具有精度高的优点,各种改进算法虽然可以使解缠不能到达的区域尽可能少,或者说尽量避免不必要的像素被掩膜所覆盖,但是在噪声较大或地形较复杂的区域,通常会由于太多的残差点出现解缠失败的现象[70]。另外,由于切线的设置通常很复杂,可能的组合方式也很多,难以用程序来判定哪一种结果较佳或最佳,即使出现了孤立的不能进入的区域也很难自动发现[70]。因此,有必要引进其他信息来帮助解决这些问题,正确引导解缠的路径。沿着这个思路,提出了质量图引导的路径跟踪法,简称质量图法[73]。这种方法的特点是:解缠时的积分路径不依赖于枝切线,而是假设好的质量图可以引导解缠路径不会环绕残数点。这个假设实际上是有一定风险的,但是许多实验结果表明该方法的应用效果相当不错[2]。依此思路衍生出许多具体算法:1991年,Bone对相位矩阵求二阶偏导数,并将其作为质量图像引导相位解缠,避免了枝切法在残差点密集时无法设置正确枝切线的缺点[78]。1995年,Cusack将相干图作为质量评价标准,并以此对像元进行排序,逐一积分,实现相位解缠[79]。1998年,Ghiglia和Pritt又提出了伪相干系数、相位导数变化和最大相位梯度质量图指标,并指出相干系数指标被认为是比较适合引导InSAR数据相位解缠路径跟踪的质量指标[62]。1999年,Xu等提出著名的“区域增长”算法,该算法依据某种质量指标从一些高质量的像元开始,独立地生长出若干个区域,然后按照一定的规则将它们连接合并起来[80]。该算法对干涉条纹密集、信噪比低的干涉图取得了较为满意的解缠结果。2011年,Osmanoglu等提出了Fisher Distance质量指标,并与相干系数、相位导数变化、二阶导数、结合枝切法的相位导数变化、皮亚诺曲线五种质量指标作了比较,指出Fisher Distance是一种比较鲁棒的质量指标,在大部分应用中都可以取得较好的效果[81]。2011年,Zhong Heping等人提出了一种改进的质量图引导算法,该算法与传统质量图引导算法最大的不同是通过利用优先排序的数据结构来获得更高的算法执行效率[82]。2014年,Zhong Heping等人又提出一个基于质量图引导和局部最小不连续的相位解缠算法,在保持高解缠效率的同时,提高了在低质量区域的解缠精度[83]。2014年,Liu Gang等提出一种基于灰度共生矩阵GLCM的新的质量图指标,修改了一种适合解决相位解缠问题的“熵差”质量指标[84]。该指标需要实现设置“灰度”级别,最后的解缠结果与级别的设置有直接的联系。2015年,Liu Wanli等试图找出一种比较适合大梯度高噪声干涉图的质量指标引导Cubature Kalman滤波相位解缠方法,分析比较了相干图、相位导数变化及Fisher Distance三种质量指标,实验结果显示Fisher Distance是一种比较合适的质量指标[85]。除了枝切法和质量图法这两大类引导路径跟踪的相位解缠算法外,还出现许多其他的指导路径跟踪的算法,比较有代表性的有:1997年,Flynn等人提出的基于最小不连续测度的相位解缠算法,利用网络图的方法自动选择适当的积分路径,使解缠数据中不连续长度最小[86]。此种算法是一种全局指导下的路径跟踪策略,可靠性较强但算法比较费时。2006年,索志勇等人提出了一种基于残点识别的环路积分校正 InSAR 相位展开方法[87],实验证明此方法在处理具有很多残点的实际数据时具有很大的优势。岑小林等在 2008 年提出了一种将质量图与留数点相结合的相位解缠算法[88],该算法以干涉图中残差点的分布信息为依据,优化质量阈值的确定方法,并以此为依据将干涉相位图划分为高低质量区域,指导相位解缠的顺利进行。毕海霞等提出了一种结合区域识别和区域增长的区域识别与扩展解缠方法[89]。该方法主要解决干涉图中各个区域的相干性不同,在解缠过程中,低相干区域的误差容易在整幅图像中传播的问题,取得了较好的效果。

与路径跟踪算法思路不同,基于最小范数法的相位解缠算法把相位解缠问题转化为求解最小范数解的问题,其典型代表就是最小二乘相位解缠算法。Frid 等人于 1977 年最早分析了最小二乘算法相位解缠精度的问题,并提出一种基于噪声传播最小准则下的线性优化算法[60]。但是这种算法没有权重,因此相位噪声对解缠结果的影响较大。1988 年,Takajo 和 Takahashi 等人提出了一系列最小二乘相位解缠的快速算法,这些算法的共同点是将最小二乘相位解缠问题转化为一个泊松方程的求解问题,然后再进一步利用快速傅里叶变换(FFT)技术进行快速求解[90]。1994 年,Ghiglia 与 Romero 提出了一种加权最小二乘解缠算法——预处理共轭梯度法。其基本思想是先用无权重最小二乘算法作为预处理条件改善加权正态方程系数矩阵的条件数,加速收敛;再采用共轭梯度法迭代获得绝对相位[91]。后来,Pritt 等对此方法作了改进,将 FFT 变换引入至不加权最小二乘相位解缠中,解决了泊松方程的边界问题[92]。1996 年,Fornaro 等证明了最小二乘和格林方程两种解缠方法在理论上的一致性,并给出了三种求解最小范数的方法:(1)直接矩阵法;(2)迭代计算法;(3)直接快速计算法[93]。1996 年,Pritt 针对加权的最小二乘法,将多重网格法的思想应用于最小二乘法之中,通过在网格之间的不断迭代求出解缠相位,提高了解缠效率[94]。1996 年,Ghiglia 与 Romero 针对相位解缠问题的一般 L_P 范数解提出了十分著名的 L_P-norm 解缠模型。该模型将之前大部分的解缠算法都统一在一个数学架构下,对后续的相位解缠技术的发展具有很好的指导意义[95]。2001 年,Chen 和 Zebker 借助于网络模型提出了基于最小生成树的相位解缠算法,同时在论文中还证明了 L_0-norm 相位解缠方法是一个 NP-hard 问题[96]。同时,Chen 和 Zebker 还借助统计模型提出了十分著名的 SNAPHU 方法来获得 L_0-norm 问题的近似解[97]。2002 年,Chen 和 Zebker 又对 SNAPHU 方法进行了补充,使其能够适应大规模相位解缠问题,同时该篇论文也首次较为系统地描述了大规模相位解缠存在的困难[98]。2006 年,Yang Lei 等提出一种改进的基于最小生成树的相位解缠算法。该方法对 Chen 和 Zebker 的最小范数方法进行了改进,在原算法的基础上补充了一种断开树枝的策略[99]。2010 年,王正勇等提出了一种残差点退化的四向最小二乘解缠算法[100]。该算法首先检测干涉图中的残差点,然后利用残差点的邻域像素对其进行补偿,最后使用四向最小二乘法进行相位解缠,取得全局最优解。实验结果表明,该算法在处理残差点密度较大的干涉图时具有较好的解缠效果。2012 年,陈强等提出基于解缠边界探测并搜索整周相位值的解缠方法。该算法采用最小二乘次优解与最优解的阈值判别准则,在解缠迭代计算中附加相位搜索增量以提取相位整周值[101]。2013 年,于瀚雯提出了一种基于 L_1 范数的多基线相位解缠算法,该算法通过借助 L_1 范数这一优化模型,将多基线 InSAR 获得的多幅干涉相位图之间的关系融入了传统单基线范数相位解缠的优化模型中[102]。2015 年,刘会涛等提出用 L_∞ 范数的惩罚函数来近似 L_1 范数的惩罚函数,从而将多基线相位解缠模型的目标函数变为 $L_\infty + L_1$ 范数的形式,减少了优化模型中优化变量的大小[103]。

然而,本质上路径跟踪法和最小二乘法可以统一到一个准则下,即 L_p 范数最小准则。在该准则下,相位解缠被看作一个优化问题。L_p 范数虽然为相位解缠提供了统一的框架,然而并没有给出一个统一的实用函数。1998 年,Costantini 提出了基于网络流的相位解缠算法,将 L_p 范数最小化问题转为求解最小费用流的网络优化问题,很好地解决了相位解缠效率和解缠准确性不兼顾的问题,成为解决相位解缠问题的一种新思想[104]。2000 年,Carballo 提出了基于网络规划的最小费用流算法。该算法引入网络模型,将解缠问题转变成求解网络最小费用流的问题。在该算法中,依据极大可能性估计建立网络耗费的目标函数,并用多分辨率方法解决大数据量问题,以提高计算效率[105]。几乎与此同时,Chen 和 Zebker 在一系列论文中提出了统计耗费网络流相位解缠的思想,该方法的耗费函数是由极大验后估计得到,利用已知的缠绕相位值、图像强度和干涉图的相干性等信息,构造解缠相位的概率密度函数,使其条件概率最大[96-98,106]。2003 年,于勇、王超等提出了一种在不规则网络情况下的基于网络流思想的相位解缠算法。该方法可以在低信噪比区域获得更为平滑的相位解缠结果[107]。针对稀疏数据,Agram 等人提出了一种基于最近邻值差值策略的规则格网相位解缠方法,能有效处理重采样不理想情况下的稀疏干涉图相位解缠[108]。2007 年,Chen 等提出了在粗细大小不同的网格上进行迭代计算的多重网格算法[109]。2008 年,Chen 等又通过使用相位导数变化图来定义权重,提出了基于小波变换的算法[110]。Antonio Pepe 等提出一种基于新的扩展最小费用流算法的有效时空相位解缠算法,结合 SBAS 技术处理全空间分辨率 SAR 数据,得到了较好的结果[111]。Pasquale Imperatore 采用了一种扩展最小费用流的多通道相位解缠策略,应用双级并行计算模型提高计算效率[112]。

值得注意的是,基于网络规划的相位解缠算法同样需要识别干涉图纹的残差点。其本质属于基于路径跟踪的相位解缠算法,因此也有学者将其归类于改进的基于路径跟踪的相位解缠算法[41,67,68]。

进入 21 世纪以来,又不断涌现出各种解缠算法,例如基于支持向量机的解缠算法[113]、模拟退火算法[114]、遗传算法[115]以及各种综合类算法等,不断推动着相位解缠技术的发展。其中,一类基于马尔科夫随机场的相位解缠算法得到了许多学者的关注[116]。

1995 年,J. L. Marroquin 将马尔科夫方法引入相位解缠当中,实现了基于马尔科夫随机场的相位解缠并行计算[117]。随后,Disa 和 Leitao 分别于 2001 年和 2002 年共同发表了两篇用马尔科夫随机场和贝叶斯方法作相位解缠的文章,分别采用了最大似然估计(MAP)和条件迭代模型(ICM)等算法,首次将贝叶斯-马尔科夫方法用于相位解缠,并给出了初步的技术路线,得到了较理想的相位解缠结果[118-119]。Ying Lei 等于 2006 年研究了一种结合动态规划和条件迭代模型共同优化求解最大后验概率的相位解缠方法[120]。Ferraioli 等于 2009 年较深入地分析了贝叶斯-马尔科夫方法,基于最大似然估计-马尔科夫随机场(MAP-MRF)框架,采用条件迭代模型进行相位解缠,还引入了总变差(Total Variation)和图割(Graph Cuts)的方法来优化算法[121]。2010 年,Shabou 在其博士论文中进一步阐述了用 MAP-MRF 框架结合图割的方法来解决 InSAR 相位解缠的问题[122]。Kusworo Adi 于 2010 年提出利用马尔科夫链蒙特卡洛能量最小化方法同时进行相位噪声消除和相位解缠[123]。2013 年,Runpu Chen 等考虑到干涉图相位的先验知识,应用 MRF 模型描述真实相位及其观测值随机变量集合元素之间的关系,提出一种基于马尔科夫随机场的相位降噪和解缠方法[124]。这两种方法的噪声去除和相位解缠是通过采用最小能量理论。去噪本质上是一种区域平滑,在去噪过程中没有考虑相位噪声的统计特性,解缠值主要依赖测量值。何楚等于 2013 年提出一种基于条件随机场模型的多极化 InSAR 联合相位解缠算法,用于在多极化方式的 InSAR 中选择最优通道的解缠相位计算高程[125]。

上述几种基于马尔科夫随机场的相位解缠方法实际是试图把相位解缠问题转化为随机向量的状态最优估计问题(极大似然估计、极大验后估计、贝叶斯估计等)。这几种估计方法主要强调观测值对最后估计的作用,都是从条件概率的角度进行约束求解解缠相位的。然而除了一些特殊的分布情况外,条件概率的计算都十分困难,通常需要给出很多前提假设和进行大量的转化,才可以实现[116]。在最优估计理论中,最小方差估计是所有估计中估计的均方误差最小的估计,是所有估计中的最佳者[126]。一些学者对基于最小方差理论的卡尔曼滤波相位解缠方法产生了极大的兴趣,于是出现了一批基于卡尔曼理论的相位解缠算法。

1.2.3　卡尔曼滤波相位解缠研究现状

Krämer 和 Loffeld 于 1996 年首次提出利用卡尔曼滤波进行 InSAR 的相位解缠[53],阐述了卡尔曼滤波进行相位解缠中的局部斜坡估计方法[127]。1997 年,他们给出了结合扩展卡尔曼滤波和局部斜坡估计的 InSAR 相位解缠方法[128]。基于卡尔曼滤波的相位解缠算法逐渐受到重视。2008 年，Loffeld 等详细地阐述了基于扩展卡尔曼滤波的相位解缠（EKFPU）算法。该算法将相位解缠问题转化为状态估计问题、综合动力学模型和观测模型，既不受相位残差点影响，又可以避开一般方法必须首先进行相位噪声消除，随后才能进行相位解缠的不足，实现了相位解缠和噪声消除一并处理的目的[50]。

1999 年，Kim 和 Griffiths 提出利用扩展卡尔曼滤波进行多基线 InSAR 相位解缠的思想，重点分析了扩展卡尔曼滤波在多基线干涉相位解缠中的优势以及利用 EKF 强大的信息融合能力获取高精度相位解缠的潜力，但没有建立实用的状态模型和观测模型[129]。2009 年，Osmanoglu 提出了一种改进的 EKFPU 算法[130]，梯度估计采用了一种简单的线性运算方式，并且加入了错误检测和纠正步骤。EKFPU 方法要求过程激励噪声和观测噪声服从高斯分布，然而实际的观测噪声并不是高斯噪声。基于此，Juan J. Martinez-Espla 等于 2009 年提出了利用粒子滤波（PF）方法进行 SAR 干涉图噪声过滤和相位解缠，该方法将 PF、人工智能搜索策略和基于功率谱密度的全向局部相位估计方法结合起来，给出了不受噪声统计性质约束的非线性相位解缠模型[131]。同时，他们还结合粒子滤波、矩阵束局部斜坡估计和优化过的区域增长技术，提出一种新的相位解缠算法[132]。随着三维解缠技术的出现，Osmanoglu 于 2014 年提出一种基于扩展卡尔曼滤波的三维相位解缠算法，并在生成 DEM 应用中取得了较好的效果[66]。

国内对此类相位解缠方法也进行了相关研究和改进。刘国林应用卡尔曼滤波进行噪声消除和相位解缠[133]，继而通过在卡尔曼滤波的状态空间模型中引入与地形因素相关的输入控制变量来实现一种顾及地形因素的卡尔曼滤波相位解缠算法[134]，研究了顾及模型误差和地形因素的卡尔曼滤波相位解缠算法，实验结果表明该算法能够有效地处理地形陡峭或坡度较大的情况。针对 EKF 算法中对非线性观测模型进行线性化导致的高阶信息损失这一缺点，2011 年，谢先明等提出基于无迹卡尔曼滤波（UKF）的相位解缠算法。基于实际的观测噪声并不是高斯噪声这一特点，谢先明等又提出了不敏粒子滤波（UPF）的相位解缠方法。该方法综合了不敏粒子滤波器、路径跟踪算法及全方位的局部相位梯度估计，不受模型噪声统计性质和线性条件约束，同时完成噪声消除和相位解缠[135]。2014 年，谢先明提出一种结合滤波算法的不敏卡尔曼滤波（UKF）相位解缠方法。该方法根据干涉图信噪比情况进行适当预滤波以抑制干涉图中较高的相位噪声，进而利用全方位局部相位梯度估计技术，较为精确地从复干涉图中提取相位梯度及其估计误差方差等信息，从而有效避免了干涉图中过多的相位残差点导致的"相位梯度估计欠准"问题[52]。

1.2.4 研究现状分析

InSAR 技术在监测山区矿区地表形变或者生成地形起伏较大区域的 DEM 时,获得的干涉图通常具有噪声大、条纹密等特点。目前比较成熟且常用的相位解缠方法通常需要在相位解缠之前尽可能滤除干涉图中的噪声,而前置噪声滤波器很难在彻底滤除噪声的同时保持干涉图条纹的边缘特性,因此,这些方法通常难以解决条纹复杂密集、噪声较大的干涉图的解缠问题[136-137]。

一些新的相位解缠方法,例如基于马尔科夫随机场的几种方法,也可以实现相位噪声滤波和相位解缠同时进行。这类方法的噪声去除和相位解缠是基于最小能量理论的,并且都是从条件概率的角度出发的。此类方法暗含了真实相位是平滑的并且真实相位的主值和观测值有最大的相似性。因此,这几种估计方法主要强调观测值对最后估计的作用。

基于 Kalman 滤波的相位解缠算法,综合了动力学模型和观测模型,给出了真实相位的估计值,本质上是最小二乘的推广。目前这类算法主要从模型以及噪声的统计特性入手,给出了不同的非线性滤波模型[49,138],对影响 Kalman 滤波相位解缠的关键因素均未进行系统研究[139]。

1.3 主要研究内容

本书的主要研究内容有:

(1) 适合条纹密度大、噪声水平高的干涉图的相位解缠方法研究

对比分析传统的需要彻底预滤波的相位解缠方法及具有滤波功能的基于 Kalman 状态估计思想的相位解缠方法,指出其适用性;研究影响 Kalman 滤波模型中梯度估计的诸因素,指出合理的参数设置方法;针对相位解缠模型的特殊性,提出一种简洁的 CKF 相位解缠算法。对 EKF、UKF、CKF 相位解缠模型中非线性函数的估计精度进行理论分析和实验验证。

(2) CKF 相位解缠的影响因素研究

针对高噪声、密条纹的干涉图,研究视数、预滤波技术以及质量图对 CKF 相位解缠结果的影响;对于大噪声、密条纹的干涉图,提出一种既可保留条纹细节信息又可有效去除斑点噪声效果的方法;分析比较五种已有的指导相位解缠路径跟踪的质量图,指出其特点及适用性;对于噪声较高、地物覆盖类型复杂的实测数据形成的干涉图,基于 Fisher 距离质量图指标特点,提出一种改进的质量图指标。

(3)质量不连续的干涉图的相位解缠研究

针对参考点不足时质量不连续的干涉图的某些高质量区容易得到低精度解缠结果这一问题,提出一种简单易行的多参考点相位解缠策略,建立一整套多参考点选取方法。

1.4　本书的组织结构

本著作分为 7 章,安排如下:

第 1 章 绪论。阐述研究背景与意义;论述了 InSAR 和相位解缠方法的国内外研究现状,简要阐述了研究内容并给出论文各章节的相互关系。

第 2 章 InSAR 常用相位解缠方法。介绍了相位解缠的基础知识,包括数学基础知识以及相位解缠的基本概念和分类。采用模拟数据和实测数据分析了几种传统相位解缠算法的解缠能力。

第 3 章 卡尔曼滤波相位解缠方法。介绍了基于卡尔曼滤波的相位解缠的模型,分析了局部相位梯度估计的影响因素及对相位解缠结果的影响,比较了不同非线性滤波模型,采用模拟数据和实测数据进行对比分析。

第 4 章 预滤波对 CKF 相位解缠结果的影响。分析了多视处理和预滤波对卡尔曼滤波相位解缠结果的影响。

第 5 章 质量引导函数对 CKF 相位解缠结果的影响。给出了传统的六种质量图指标,分析了它们的异同和适用条件。采用模拟数据和实测数据比较分析六种质量指标在不同数据条件下的解缠能力。基于 Fisher 距离指标,提出一种新的质量图指标,并采用多组数据进行验证。

第 6 章 质量不连续干涉图的解缠策略。提出了一种针对不连续质量图的多参考点相位解缠策略,建立了一整套多参考点选取方法,解决了参考点不足导致的高质量区却得到低精度解缠结果这一问题。

第 7 章 结论与展望。对本书所做的工作进行简要的总结,给出本书的创新点,指出本书存在的不足之处,并对未来需要进一步研究的问题进行了设想。

2 InSAR 常用相位解缠方法

相位解缠是 InSAR 数据处理过程中最关键的步骤之一,也是 InSAR 数据处理过程中最困难、最具挑战性的问题之一[76]。相位解缠是否准确直接关系到提取的目标高程信息的正确性和精确性。本章首先介绍了常用的不具有滤波功能的相位解缠方法原理和几种常用的相位解缠方法,然后通过实验对这几种常用算法进行了比较分析。

2.1 理论依据

从干涉图中得到的相位差实际上只是主值,其取值范围在 $(-\pi,+\pi]$ 之间。相位解缠是将干涉相位主值加上 2π 的整数倍使其恢复为真实相位值的过程[140]。

对于一幅 SAR 干涉图,一维的复干涉信号 $z(k)$ 通常可表示为[68]:

$$z(k) = a(k)\exp(j\tilde{\phi}(k)) \tag{2-1}$$

其中,$a(k)$ 为复干涉图像元 k 的复干涉信号幅度,$\tilde{\varphi}(k)$ 为像元 k 的模 2π 缠绕相位。其中模 2π 运算表示如下:

$$\tilde{x} = [x]_{|2\pi} = x \pm 2n\pi \in (-\pi,\pi] \text{ ,且 } |\tilde{x}| \leqslant \pi$$

在不考虑噪声的理想情况下,从复干涉图中提取的缠绕相位 $\tilde{\phi}(k)$ 为:

$$\arctan\left\{\frac{\text{Im}[z(k)]}{\text{Re}[z(k)]}\right\} = \arctan\{\tan[\phi(k)]\} \tag{2-2}$$

式(2-2)中,符号"$\text{Im}[x]$"表示 x 的虚部,"$\text{Re}[x]$"表示 x 的实部,$\phi(k)$ 为像元 k 的真实干涉相位。

由于干涉噪声的影响,实际获得的缠绕相位 $\tilde{\phi}(k)$ 为:

$$\arctan\{\tan[\varphi(k) + \varepsilon_\varphi(k)]\} \tag{2-3}$$

式(2-3)中,$\varepsilon_\phi(k)$ 为像元 k 的相位噪声。很明显,实际的干涉图缠绕相位值 $\tilde{\phi}(k)$ 与真实干涉相位值 $\phi(k)$ 之间的关系为:

$$\begin{aligned}
\tilde{\phi}(k) &= [\phi(k) + \varepsilon_\phi(k)]_{|2\pi} = [\phi(k) + [\varepsilon_\phi(k)]_{|2\pi}]_{|2\pi} \\
&= [\phi(k) + \tilde{\varepsilon}_\phi(k)]_{|2\pi} = \phi(k) + \tilde{\varepsilon}_\phi(k) \pm 2n\pi \in (-\pi,\pi]
\end{aligned} \tag{2-4}$$

相位展开的目的是从包含噪声的模 2π 缠绕相位 $\tilde{\phi}(k)$ 中恢复出真实的展开相位 $\varphi(k)$。

在不存在噪声的理想情况下,干涉图相邻像元的相位梯度:

$$\tilde{\Delta}_\phi(k) = [\tilde{\phi}(k+1) - \tilde{\phi}(k)]_{|2\pi} = [\phi(k+1) - \phi(k)]_{|2\pi} = [\delta_\phi(k)]_{|2\pi} \quad (2\text{-}5)$$

其中,$\delta_\phi(k)$ 为真实相位梯度,通常满足:

$$|\delta_\phi(k)| \leqslant \pi \quad (2\text{-}6)$$

于是,式(2-5)可进一步简化为:

$$\tilde{\Delta}_\phi(k) = \delta_\phi(k) \quad (2\text{-}7)$$

如果干涉图不存在相位噪声,真实的展开相位可以非常容易地通过下式计算:

$$\phi(k+1) = \phi(k) + \delta_\phi(k) = \phi(k) + \tilde{\Delta}_\phi(k) = \phi(1) + \sum_{t=1}^{k} \tilde{\Delta}_\phi(t) \quad (2\text{-}8)$$

由式(2-8)可知,当干涉图不含相位噪声时,缠绕相位的展开非常容易,只需在方位向和距离向直接积分就可获得解缠后的真实干涉相位。然而这是一种非常理想的情况,实际应用中基本不存在这样的干涉图。不过,对干涉图进行预滤波通常可以使干涉图中的噪声大大降低,由此可以使得从包含噪声的模 2π 的缠绕相位 $\tilde{\phi}(k)$ 中提取的相位梯度 $\tilde{\Delta}_\phi(k)$ 接近真实的相位梯度 $\delta_\phi(k)$,从而使得基于此积分理论的方法有效可行。

2.2 常用相位解缠方法

目前,常用的相位解缠算法大致可以划分为三类:(1)基于路径跟踪的相位解缠算法;(2)基于最小范数的相位解缠算法;(3)基于网络规划的相位解缠算法。

2.2.1 基于路径跟踪的相位解缠算法

常见的路径跟踪相位解缠算法主要有枝切法[44]、质量引导法[72]、区域生长法[80]、Flynn 最小不连续法[86]等,本小节将选择两种常见的算法加以描述。

(1)枝切法

1988 年 Goldstein 提出的枝切法,其算法原理为:首先确定出所有的残数,识别出正负残差点,然后连接邻近的残差点对或多个残差点,使其实现残差点"电荷"平衡,最后生成最优枝切线,确定积分路径。

枝切法的优点是计算速度快、占用内存小。对于残差点较少的干涉图,可以取得较高的解缠精度,但当干涉图存在大量的相位残差点时,则难以设置合适的"枝切线",通常会出现某些区域解缠难以进行的情况。

(2)质量引导法

质量引导的路径跟踪解缠算法不需要识别残差点,而是用相位质量指标引导解缠路径,逐项元进行解缠。其算法基本流程是:由某一质量指标生成一幅质量图;以某一高质量像素为起点,扫描其邻接像素并将这些邻接像素放入一邻接表中;从邻接表中找出质量最高的像元,将其解缠并从表中删除,然后将该像素相邻的未解缠像元添加到邻接表中；将新的邻接表中的像素按质量指标排序，如此以迭代方式进行解缠，直到质量最差的像素被解缠完毕。按此方式易见高质量的像元先被解缠，低质量的像元后被解缠。若相位质量图比较可靠，该算法通常可以成功地解缠相位。但由于该算法假设好的质量图可以引导解缠路径不会环绕残数点，因此在某些情况下通常会引入 2π 倍的相位误差。

这类算法是一种局部算法，其优点是可以隔绝相位不连续点，阻止局部相位误差在整个积分域内的传播，计算速度较快，在相干性较好的区域可以获得精确的解缠结果，但是在噪声严重的情况下，很容易造成误差传递或者无法解缠的孤立区域。

2.2.2 基于最小范数的相位解缠算法

最小范数相位解缠算法是通过建立代价函数来求解解缠相位的估计值[95]，通常需满足缠绕相位的导数与解缠相位的导数的差最小。其目标函数表示为：

$$J = \varepsilon^P = \sum_{i=0}^{M-2}\sum_{j=0}^{N-1}\left|\phi_{i+1,j}-\phi_{i,j}-\Delta_{i,j}^x\right|^P + \sum_{i=0}^{M-1}\sum_{j=0}^{N-2}\left|\phi_{i,j+1}-\phi_{i,j}-\Delta_{i,j}^y\right|^P \quad (2\text{-}9)$$

其中，$\phi_{i,j}$ 为像元 (i,j) 的解缠相位，$\Delta_{i,j}^x$ 和 $\Delta_{i,j}^y$ 分别为方位向和距离向的缠绕相位梯度，M 和 N 分别为方位向和距离向的像元个数。解缠相位 $\phi_{i,j}$ 是使得 ε^P 最小时所求得的解。由此可见，最小范数相位解缠算法将相位解缠问题转换为了数学上的最小范数问题。

典型的最小范数法是 $P=2$ 时的最小二乘法，通常可分为无权和加权两种情况。

（1）无权最小二乘算法

该方法可表示为：

$$\varepsilon^2 = \sum_{i=0}^{M-2}\sum_{j=0}^{N-1}(\phi_{i+1,j}-\phi_{i,j}-\Delta_{i,j}^x)^2 + \sum_{i=0}^{M-1}\sum_{j=0}^{N-2}(\phi_{i,j+1}-\phi_{i,j}-\Delta_{i,j}^y)^P \quad (2\text{-}10)$$

此时，该方法等价于求解纽曼（Neumann）边界的离散泊松方程：

$$(\phi_{i+1,j}-2\phi_{i,j}+\phi_{i-1,j})+(\phi_{i,j+1}-2\phi_{i,j}+\phi_{i,j-1})=\rho_{i,j} \quad (2\text{-}11)$$

其中，

$$\rho_{i,j}=(\Delta_{i,j}^x-\Delta_{i-1,j}^x)+(\Delta_{i,j}^y-\Delta_{i,j-1}^y) \quad (2\text{-}12)$$

针对上式的常用的求解方法有基于 FFT/DCT 的最小二乘法、基本迭代法（雅克比迭代法、高斯赛德尔迭代法、SOR 迭代法）、无权重多网络算法、基于误差方程的最小二乘法等。

高斯赛德尔松弛迭代法是一种比较有代表性的算法，该算法首先将解空间 $\phi_{i,j}$ 初始化为 0，然后通过下式进行迭代计算，直到收敛：

$$\phi_{i,j}=\frac{\phi_{i+1,j}+\phi_{i-1,j}+\phi_{i,j+1}+\phi_{i,j-1}-\rho_{i,j}}{4} \quad (2\text{-}13)$$

为提高该算法的收敛速度,通常采用多重网格算法。该算法求得的结果虽然是平滑解,但是局部噪声的传播通常不可避免,从而产生误差较大的解。

（2）加权最小二乘方法

为解决无权最小二乘算法穿过残差点区域造成的误差传递效应,通常在解缠过程中引入权重来减弱或延缓这个问题的产生。权重通常由相位质量图来确定。从而,相位解缠问题就转化成了加权最小二乘问题。式(2-10)就可以改写成如下形式:

$$\varepsilon^2 = \sum_{i=0}^{M-2}\sum_{j=0}^{N-1}U_{i,j}(\phi_{i+1,j}-\phi_{i,j}-\Delta_{i,j}^x)^2 + \sum_{i=0}^{M-1}\sum_{j=0}^{N-2}V_{i,j}(\phi_{i,j+1}-\phi_{i,j}-\Delta_{i,j}^y)^P \quad (2\text{-}14)$$

式中, $U_{i,j}$ 和 $V_{i,j}$ 分别为梯度权重。加权最小二乘解 $\phi_{i,j}$ 由如下方程求解:

$$U_{i,j}(\phi_{i+1,j}-\phi_{i,j})-U_{i-1,j}(\phi_{i,j}-\phi_{i-1,j})+V_{i,j}(\phi_{i,j+1}-\phi_{i,j})-$$
$$V_{i,j-1}(\phi_{i,j}-\phi_{i,j-1})=c_{i,j} \quad (2\text{-}15)$$

式中, $c_{i,j}$ 为加权相位拉普拉斯算子,即:

$$c_{i,j}=U_{i,j}\Delta_{i,j}^x-U_{i-1,j}\Delta_{i-1,j}^x+V_{i,j}\Delta_{i,j}^y-V_{i,j-1}\Delta_{i,j-1}^y \quad (2\text{-}16)$$

式(2-15)中的 $\phi_{i,j}$ 同样可以采用如下加权高斯赛德尔松弛算法:

$$\phi_{i,j}=\frac{U_{i,j}\phi_{i+1,j}+U_{i-1,j}\phi_{i-1,j}+V_{i,j}\phi_{i,j+1}+V_{i,j-1}\phi_{i,j-1}-c_{i,j}}{U_{i,j}+U_{i-1,j}+V_{i,j}+V_{i,j-1}} \quad (2\text{-}17)$$

（3）最小 L_P 范数法

最小 L_P 范数法是加权最小二乘算法的推广,通常采用缠绕相位的梯度（ $P\neq2$ ）来确定权重。该方法首先判断每个点是否为残差点,当没有残差点时,就采用简单的路径积分法进行相位解缠;当含有残差点时,则首先计算 $c_{i,j}$ 值,再利用共轭梯度法求解式。这种算法可靠性较高,能够快速得到全局解。

这类算法是一种全局算法,不需要识别残差点,算法稳定性好,但由于它们是"穿过"而不是"绕过"残差点,很容易导致误差传递。

2.2.3 基于网络规划的相位解缠算法

基于网络规划的相位解缠算法主要思想是最小化解缠相位导数与缠绕相位导数的差[104],也可称为最小费用流法。首先由已知残差值和相干系数计算得到最小费用流,确定枝切线,然后再进行相位解缠,也可认为是枝切法的扩展。该算法将相位解缠问题转化为最小费用流的网络优化问题,使得算法的运算效率和复杂度均大大降低,获得了专家学者的广泛关注。算法的基本原理如下[141]:

在一个 $M\times N$ 大小的方格网内,设 ϕ 和 $\tilde{\phi}$ 分别表示解缠和未解缠的相位,则有:

$$\tilde{\phi}(i,j)=\phi(i,j)+2\pi k \quad (2\text{-}18)$$

式中, k 为整数且 $\tilde{\phi}(i,j)\in[-\pi,\pi]$,相位解缠过程就是从 $\tilde{\phi}(i,j)$ 到 $\phi(i,j)$ 的过

程。

定义相邻像素点间的差分估计：

$$\begin{cases} \Delta\tilde{\phi}_1(i,j) = \tilde{\phi}(i+1,j) - \tilde{\phi}(i,j) + 2\pi k_1(i,j) \\ \Delta\tilde{\phi}_2(i,j) = \tilde{\phi}(i,j+1) - \tilde{\phi}(i,j) + 2\pi k_2(i,j) \end{cases} \qquad (2\text{-}19)$$

式中，$k_\zeta(i,j)$（$\zeta=1,2$）为基于先验知识选取，使 $\Delta\tilde{\phi}_\zeta(i,j) \in [-\pi,\pi]$（$\zeta=1,2$）成立的整数值。由于积分路径不同，$\Delta\tilde{\phi}_\zeta(i,j) \in [-\pi,\pi]$（$\zeta=1,2$）并不能和相邻点的差分保持一致，因而定义如下差分的残差：

$$\begin{bmatrix} \varepsilon_1(i,j) \\ \varepsilon_2(i,j) \end{bmatrix} = \frac{1}{2\pi} \left[\begin{bmatrix} \phi(i+1,j) \\ \phi(i,j+1) \end{bmatrix} - \begin{bmatrix} \Delta\tilde{\phi}_1(i,j) \\ \Delta\tilde{\phi}_2(i,j) \end{bmatrix} \right] \qquad (2\text{-}20)$$

$\varepsilon_1(i,j)$ 和 $\varepsilon_2(i,j)$ 是很小的数，可以用如下的最小化问题来估计残差 $\varepsilon_1(i,j)$ 和 $\varepsilon_2(i,j)$：

$$\min(\varepsilon_1,\varepsilon_2)\left\{ \sum_{i,j} c_1(i,j)|\varepsilon_1(i,j) + \sum_{i,j} c_2(i,j)|\varepsilon_2(i,j) \right\} \qquad (2\text{-}21)$$

得到 $\varepsilon_1(i,j)$ 和 $\varepsilon_2(i,j)$ 后，再由相位梯度值，通过下式得出解缠后的相位值：

$$\phi(i,j) = \phi(0,0) + \sum_{p=0}^{i-1}(\phi(p+1,0) - \phi(p,0)) + \sum_{q=0}^{j-1}(\phi(j,q+1) - \phi(j,q)) \qquad (2\text{-}22)$$

从本质上讲，此种方法仍属于路径跟踪法，但是又有所不同，由于能够有效区分高质量数据和低质量数据，因此在解缠过程中能避开质量不好的区域，提高解缠精度。

2.3　算法比较

为了比较枝切法、质量图法、基于 FFT 的最小二乘算法和最小费用流（MCF）法等几种常见的相位解缠算法，采用两组模拟数据和一组实测数据进行比较分析。

2.3.1　简单地形模拟数据实验

实验数据采用附录中的模拟数据一。此组数据具有条纹稀疏且相干性较好的特点。因枝切法、质量图法、基于 FFT 的最小二乘算法和最小费用流法本身无去噪功能，要想得到较理想的解缠结果，需要在相位解缠之前进行预滤波。本小节预滤波采用的是矩形均值滤波器[52]。为了简单起见，只采用一个窗口为 9×9 的均值滤波器对原始干涉图[见附图(1c)]进行了去噪处理，预滤波后的干涉图如图 2-1 所示。

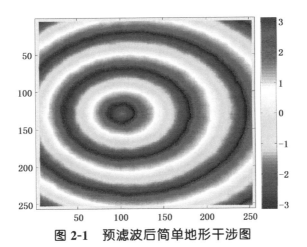

图 2-1　预滤波后简单地形干涉图

Figure 2-1　Filtered interferogram of simple terrain data

枝切法、质量图法、基于 FFT 的最小二乘算法和最小费用流法展开结果及其重缠绕图像分别如图 2-2、图 2-3、图 2-4 及图 2-5 所示。可以看出枝切法、质量图法及最小费用流法展开相位与真实干涉相位图相似且上下限相近,其重缠绕图像的条纹也与原始干涉图条纹一致,没有出现条纹丢失现象。说明这几种方法都可以成功展开简单稀疏条纹干涉图。从图 2-4 可以看出,基于 FFT 的最小二乘法展开图像是光滑和平稳的,然而其展开相位范围(大约在 0～14 弧度)远小于真实相位变化范围(大约 0～24 弧度),如图 2-4(a)及附图 1(b)所示,因而呈现出重缠绕图条纹丢失现象,如图 2-4(b)所示。究其原因,主要是因为该方法将变化较大的相位进行了平滑,进而使得其他像元也出现了较大的误差。

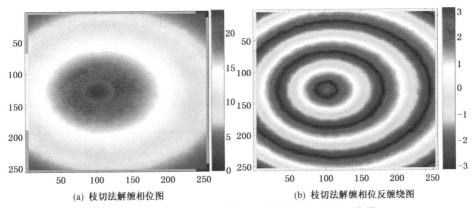

(a) 枝切法解缠相位图　　　　　　　　　(b) 枝切法解缠相位反缠绕图

图 2-2　枝切法展开简单地形预滤波干涉图结果

Figure 2-2　The unwrapped results based on Branch Cut method for simple terrain data

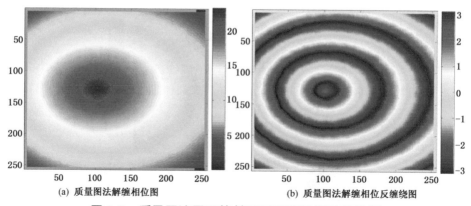

(a) 质量图法解缠相位图　　　　　　　　　(b) 质量图法解缠相位反缠绕图

图 2-3　质量图法展开简单地形预滤波干涉图结果

Figure 2-3　The unwrapped results based on Quality-guided method for simple terrain data

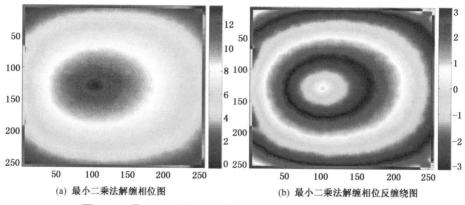

(a) 最小二乘法解缠相位图　　　　　　　　(b) 最小二乘法解缠相位反缠绕图

图 2-4　最小二乘法展开简单地形预滤波干涉图结果

Figure 2-4　The unwrapped results based on LS method for simple terrain data

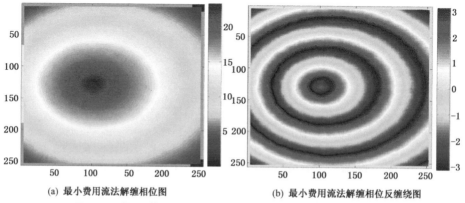

(a) 最小费用流法解缠相位图　　　　　　　(b) 最小费用流法解缠相位反缠绕图

图 2-5　最小费用流法展开简单地形预滤波干涉图结果

Figure 2-5　The unwrapped results based on MCF for simple terrain data

由此可以看出,对于简单稀疏条纹干涉图,枝切法、质量图法及最小费用流法都可以成功展开其缠绕相位,而基于 FFT 的最小二乘算法则容易造成条纹丢失现象。

2.3.2 复杂地形模拟数据实验

实验数据采用附录中的模拟数据二。此组数据的条纹样式比较复杂,多个区域条纹比较密集。对此组数据分别做了无预滤波和预滤波两种情况下四种常用方法的解缠实验。为降低滤波造成的密集条纹信息的扭曲效应,滤波采用窗口为 7×7 的均值滤波器[52],滤波后干涉图如图 2-6 所示。

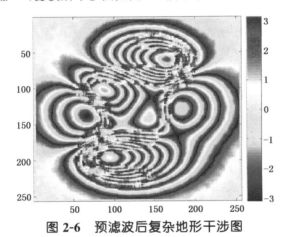

图 2-6 预滤波后复杂地形干涉图

Figure 2-6 The filtered interferogram of complex terrain data

枝切法、质量图法、基于 FFT 的最小二乘算法和最小费用流法对预滤波干涉图的相位展开结果如图 2-7 所示。可以看出四种方法都没能取得比较满意的解缠结果。其中,最小费用流法展开结果[见图 2-7(g)]在相位混叠区域出现了不连续现象;枝切法展开相位出现了比较严重的不连续现象,这是因为待解缠的干涉图存在较多的相位残差点,枝切法难以选择合适的残差点来连接形成恰当的枝切线;质量图法得到的解缠相位图基本不能反映原干涉相位,即使在相位质量比较好的区域也出现了大的偏差,这是质量图法容易导致误差累积传递造成的。最小二乘法展开结果从形状和连续性来讲,较其他三种方法更接近真实相位,但解缠范围小了很多,从反缠绕图上可以看出与原干涉图相比条纹出现了丢失现象。四种方法都无法得到满意的解缠结果,主要是由于滤波使得干涉条纹信息发生了扭曲和混叠。

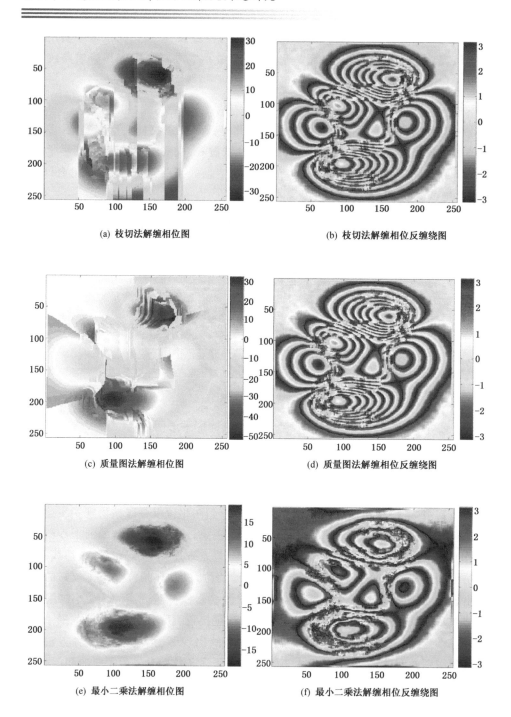

(a) 枝切法解缠相位图

(b) 枝切法解缠相位反缠绕图

(c) 质量图法解缠相位图

(d) 质量图法解缠相位反缠绕图

(e) 最小二乘法解缠相位图

(f) 最小二乘法解缠相位反缠绕图

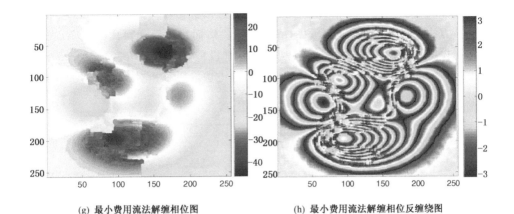

(g) 最小费用流法解缠相位图　　　　　　　　　(h) 最小费用流法解缠相位反缠绕图

图 2-7　几种常用方法展开预滤波复杂地形干涉图的解缠结果

Figure 2-7　The unwrapped results of common PU methods for

pre-filtered complex interferogram　（b、d、f、h）

图 2-8 为枝切法、质量图法、基于 FFT 的最小二乘算法和最小费用流法四种常见解缠方法对没经过预滤波处理的加噪干涉图进行相位解缠的结果。左边四个子图[(a)、(c)、(e)、(g)]为相位展开结果图,右边四个子图[(b)、(d)、(f)、(h)]为左边对应的反缠绕图。整体上,不论从解缠相位图还是从反缠绕图中都可以看出,四种方法的解缠结果都依然被噪声严重污染,这是因为四种方法本身没有去噪功能。相比较而言,枝切法得到的解缠相位图在条纹较密集的区域(亦即噪声较大的区域)出现了不连续和相位扭曲现象,这是因为待解缠的干涉图在此区域存在较多的相位残差点,枝切法难以选择合适的残差点来连接形成恰当的枝切线;质量图法得到的解缠相位图发生了非常严重的扭曲现象,这是因为质量图法不需要事先识别出残差点,而总是假设好的质量图可以引导解缠路径不会环绕残数点,当干涉图中存在较大的噪声时,这个假设实际上很难成立,但解缠行为可以一直进行,这样就极容易造成误差的累积传递,从而使得解缠结果远远偏离真实值;最小费用流和最小二乘方法得到的解缠相位较平滑,而最小二乘法由于对变化较大的相位进行了平滑,从而会丢失一些条纹信息。由于最小费用流方法的思想是最小化解缠相位的导数与缠绕相位的导数之间的偏差,因此只要干涉条纹没出现混叠现象,就会得到一比较平滑的解缠相位图并且其反缠绕图与原干涉图非常相似。但当干涉图噪声比较大时,由于解缠相位的导数与缠绕相位的导数非常接近,因此解缠相位也会含有比较大的噪声。因此可以得出,与其他几种相位解缠方法相比较,最小费用流方法不论噪声大与小,都会得出一比较平滑的且条纹数保持的较好的解缠结果。如果在实际应用中,不考虑噪声对解缠结果的影响,最小费用流方法是一种比较好的相位解缠方法。

综合两种模拟数据可以看出,当条纹简单且信噪比较高时,除最小二乘法外其余三种方法都可以取得比较满意的解缠结果。然而当条纹变得比较复杂(尤其当条纹比较密集时)、信噪比较低时,四种方法都没能成功地展开滤波后的干涉图。对于无预滤波的复杂干涉图,虽然最小费用流方法取得了相对较好的解缠结果,但可以明显看出解缠相位仍然被噪声严重污染。

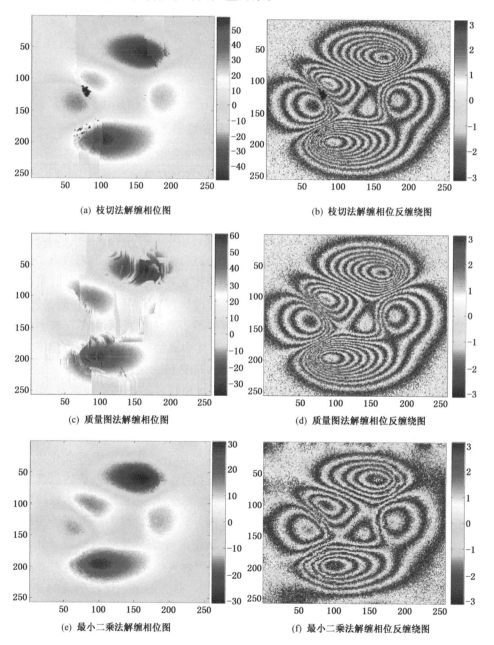

(a) 枝切法解缠相位图

(b) 枝切法解缠相位反缠绕图

(c) 质量图法解缠相位图

(d) 质量图法解缠相位反缠绕图

(e) 最小二乘法解缠相位图

(f) 最小二乘法解缠相位反缠绕图

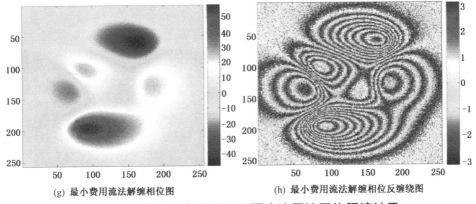

(g) 最小费用流法解缠相位图　　　　(h) 最小费用流法解缠相位反缠绕图

图 2-8　几种常用方法展开无预滤波干涉图的解缠结果

Figure 2-8　The unwrapped results of common PU methods forunprefiltered complex interferograms

2.3.3　实测数据分析

　　实验数据采用附录中的实测数据 A。其对应的 2 视干涉图及相干系数图为相位解缠的输入数据。枝切法、质量图法、基于 FFT 的最小二乘算法和最小费用流法解缠前预滤波采用 Gamma 软件中的 Goldstein 滤波方法,滤波阈值采用默认值 0.25。四种方法的相位展开结果及其反缠绕图像分别如图 2-9、图 2-10、图 2-11 及图 2-12 所示。

　　由图 2-9 可知,对于条纹比较复杂且混叠严重的干涉图,枝切法基本不能成功解缠。其原因是残差点太多,枝切法难以选择合适的残差点来连接形成恰当的枝切线。

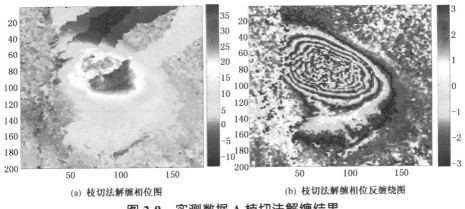

(a) 枝切法解缠相位图　　　　(b) 枝切法解缠相位反缠绕图

图 2-9　实测数据 A 枝切法解缠结果

Figure 2-9　The unwrapped results based on Branchcuts method for real data A

质量图法可以基本反映工作面实际的下沉空间范围,如图 2-10 所示。然而,解缠相位值的范围仍然远远小于实际下沉值。其解缠相位反缠绕图与原干涉图条纹也比较相似。

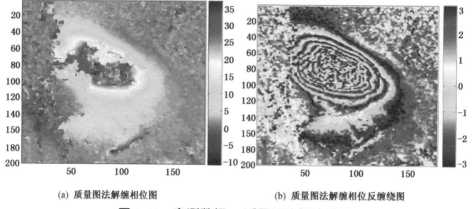

(a) 质量图法解缠相位图　　　　　　　　　(b) 质量图法解缠相位反缠绕图

图 2-10　实测数据 A 质量图法解缠结果

Figure 2-10　The unwrapped results based on quality guided method for real data A

由最小二乘法的解缠相位图和解缠相位反缠绕图(图 2-11)可以看出,该算法平滑掉很多条纹信息,主要对条纹比较密集的区域进行了平滑。由解缠相位图[图 2-11(a)]可以看出,条纹比较密集的区域解缠相位值基本保持在一恒定值附近,因此解缠相位反缠绕图在形变区的中心位置没有条纹信息,导致大量条纹信息丢失。

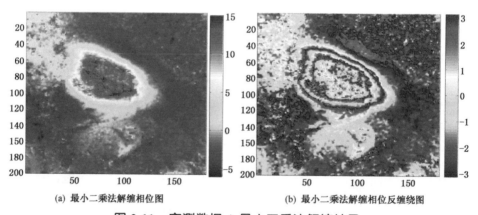

(a) 最小二乘法解缠相位图　　　　　　　　(b) 最小二乘法解缠相位反缠绕图

图 2-11　实测数据 A 最小二乘法解缠结果

Figure 2-11　The unwrapped results based on quality guided method for real data A

由图 2-12 可以看出,最小费用流法的解缠相位图除左上角区域外,其他区域基本可以反映工作面的实际下沉范围,但从解缠相位值的范围来看不可靠,最大值比实际下沉的量小很多。左上角区域的不连续可以从相干图得到解释,可以看到形变区左侧有一低相干带,而当解缠从低相干区到高相干区时,误差会累积并传播下去,导致高相干区也会得到低相干结果。解缠相位反缠绕图［图 2-12(b)］和原干涉图条纹比较相似。

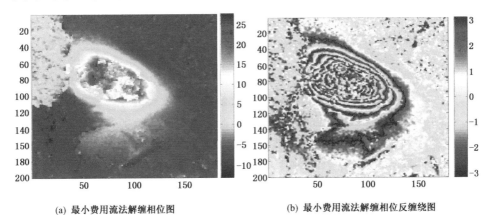

(a) 最小费用流法解缠相位图　　　　　　(b) 最小费用流法解缠相位反缠绕图

图 2-12　实测数据 A 最小费用流解缠结果

Figure 2-12　The unwrapped results based on MCF method for real data A

综合模拟和实测数据实验可以看出,基于 FFT 的最小二乘法最不可靠,枝切法对干涉图的质量要求比较高,在残差点较多的研究区很难成功实施,质量图法不够稳定。综合看来,最小费用流法效果较好。

2.4　小结

相位解缠是 InSAR/D-InSAR 技术的最关键步骤之一。本章对无噪干涉图的相位解缠原理进行了介绍,对几种常用的相位解缠方法,包括枝切法、质量图法、最小二乘法、最小费用流法等方法进行了研究。采用两组模拟数据和一组实测数据对这几种方法的性能作了比较分析。结果表明,这几种方法对简单稀疏条纹干涉图均能取得较好的解缠结果,对于复杂密集条纹干涉图几乎都不能成功展开干涉相位,对于高噪声、密条纹实测数据干涉图,最小费用流法获得了相对较好的解缠结果。

3 卡尔曼滤波相位解缠方法

由于相位噪声直接影响相位解缠结果的精确性，一些常用的相位解缠算法（如枝切法、质量图法、最小费用流法等）在相位解缠前通常要进行滤波来降低相位噪声。1996 年，R. Krämer 和 O. Loffeld 首次提出利用扩展卡尔曼滤波（EKF）进行相位解缠[53,127,128]。基于卡尔曼滤波的相位解缠方法不仅可以展开缠绕相位，而且可以消除或减弱相位噪声，而无须在相位解缠前进行预滤波，因此得到了许多学者的关注。本章描述了卡尔曼滤波相位解缠方法的原理及模型，讨论了影响局部相位梯度估计的因素，系统描述了基于扩展卡尔曼滤波的相位解缠方法及步骤，分别采用模拟数据和实测数据验证了扩展卡尔曼滤波相位解缠方法的优点。随后，针对相位解缠模型中观测方程的非线性特点，提出了一种简化的 Cubature Kalman Filtering(CKF)相位解缠方法，并从理论上分析比较了卡尔曼滤波的非线性模型与线性化模型的区别。

3.1 理论依据

2.1 节描述的相位解缠理论是针对理想情况实施的，实际的干涉图总是或多或少地存在相位噪声，此时，相邻像元相位梯度 $\tilde{\Delta}_\varphi(k)$ 为：

$$
\begin{aligned}
\tilde{\Delta}_\varphi(k) &= [\tilde{\varphi}(k+1) - \tilde{\varphi}(k)]_{|2\pi} \\
&= [[\varphi(k+1) + \varepsilon_\varphi(k+1)]_{|2\pi} - [\varphi(k) + \varepsilon_\varphi(k)]_{|2\pi}]_{|2\pi}
\end{aligned}
\tag{3-1}
$$

由模运算的性质，进一步可得：

$$
\begin{aligned}
\tilde{\Delta}_\varphi(k) &= [[[\varphi(k+1)]_{|2\pi} + [\varepsilon_\varphi(k+1)]_{|2\pi}]_{|2\pi} \\
&\quad - [[\varphi(k)]_{|2\pi} + [\varepsilon_\varphi(k)]_{|2\pi}]_{|2\pi} \\
&= [\varphi(k+1)]_{|2\pi} - [\varphi(k)]_{|2\pi} + [\varepsilon_\varphi(k+1)]_{|2\pi} - [\varepsilon_\varphi(k)]_{|2\pi}]_{|2\pi}
\end{aligned}
\tag{3-2}
$$

注意到相位噪声的取值区间，其模 2π 运算不改变本身大小。故

$$
\begin{aligned}
\tilde{\Delta}_\varphi(k) &= [[\varphi(k+1)]_{|2\pi} - [\varphi(k)]_{|2\pi} + \varepsilon_\varphi(k+1) - \varepsilon_\varphi(k)]_{|2\pi} \\
&= [[\varphi(k+1) - \varphi(k)]_{|2\pi} + [\varepsilon_\varphi(k+1) - \varepsilon_\varphi(k)]_{|2\pi}]_{|2\pi} \\
&= [[\delta_\varphi(k)]_{|2\pi} + [\varepsilon_\varphi(k+1) - \varepsilon_\varphi(k)]_{|2\pi}]_{|2\pi} \\
&= [\delta_\varphi(k) + [\varepsilon_\varphi(k+1) - \varepsilon_\varphi(k)]_{|2\pi}]_{|2\pi} \\
&= [\delta_\varphi(k) + [\tilde{\varepsilon}_\varphi(k+1) - \tilde{\varepsilon}_\varphi(k)]_{|2\pi}]_{|2\pi}
\end{aligned}
\tag{3-3}
$$

从式(3-3)可以看出，从包含噪声的模 2π 的缠绕相位 $\tilde{\varphi}(k)$ 中提取的相位梯度 $\tilde{\Delta}_\varphi(k)$ 与真实的相位梯度 $\delta_\varphi(k)$ 是不一致的，这导致直接沿方位向和距离向积分的

方法是不可行的。Krämer 和 Loffeld 于 1996 年首次将相位解缠转化为状态估计问题,提出了利用卡尔曼滤波进行 InSAR 的相位解缠[53],对真实相位梯度的估计采用对干涉图进行局部梯度估计的方法。

3.2 相位解缠模型

3.2.1 状态方程

为了书写方便,沿某一确定路径用 k 代替像元位置 (m,n),一个简单有效的状态空间模型可表述为[67]:

$$\begin{cases} x(k)=\varphi(k) \\ x(k+1)=f_{[x(k),w(k)]}=x(k)+\vec{\delta}_{\varphi}(k)+w(k) \end{cases} \tag{3-4}$$

其中,$\vec{\delta}_{\varphi}(k)$ 为真实相位梯度 $\delta_{\varphi}(k)$ 的估计值,$w(k)$ 为相位梯度的估计误差,通常情况下为高斯白噪声,且满足:

$$E[w(k)]=0, \boldsymbol{Q}(k)=E[w(k)w(j)^{\mathrm{T}}]=\sigma_k^2\delta(k,j), \delta(k,j)=\begin{cases} 1, & k=j \\ 0, & k\neq j \end{cases}$$

其中,$\boldsymbol{Q}(k)$ 为相位梯度估计误差的协方差矩阵,σ_k^2 为像元 k 相位梯度估计的误差方差。

由式(3-4)可知,像元 $k+1$ 的实际相位可由前一步的解缠相位加上一个相位变化 $\delta_{\varphi}(k)$ 得出。而在实际中,$\delta_{\varphi}(k)$ 这一项是未知的,且必须估计。

3.2.2 观测方程

把归一化的复干涉同相分量和正交分量分别作为干涉相位的两个观测值,则可以得到[50]:

$$y(k)=\begin{bmatrix} \dfrac{\mathrm{Re}\{z(k)\}}{a(k)} \\ \dfrac{\mathrm{Im}\{z(k)\}}{a(k)} \end{bmatrix}=\begin{bmatrix} \cos(\varphi(k)+\theta(k)) \\ \sin(\varphi(k)+\theta(k)) \end{bmatrix} \tag{3-5}$$

其中,$\theta(k)$ 为干涉相位噪声,通常用零均值高斯白噪声来模拟。为了简化分析与计算,式(3-5)可进一步简化为:

$$y(k)=h[x(k)]+v(k)=\begin{bmatrix} \cos(x(k)) \\ \sin(x(k)) \end{bmatrix}+\begin{bmatrix} v_1(k) \\ v_2(k) \end{bmatrix} \tag{3-6}$$

其中,$v_1(k)$ 和 $v_2(k)$ 分别为复观测值实部和虚部的观测误差。其统计特性为:

$$R(k)=E[v(k)v(j)^{\mathrm{T}}]=\mathrm{diag}(\sigma_v^2(k)\delta(k,j)) \tag{3-7}$$

其中,$E[v(k)]=0$,$\sigma_v^2(k)=\dfrac{1}{S_{\mathrm{SNR}}^k}$,$S_{\mathrm{SNR}}^k$ 为 k 像元的信噪比。

综合状态方程和观测方程可以看出,相位梯度估计是相位解缠顺利进行的关键步骤之一。

3.3 相位梯度估计

由于实际干涉图的条纹信息比较复杂,一般情况下,不同区域的梯度会有所不同,而状态估计在相邻像元之间进行需要的是局部梯度信息。因此需要对干涉图进行局部梯度估计[49,142-144]。为了平衡运算效率和估计精度,探讨影响梯度估计精度的因素就显得尤为重要。

3.3.1 局部梯度估计

通常情况下,认为在一小的局部区域内 InSAR 信号满足平稳性条件,于是在窗口大小为 $(B_m \times B_n)$ 中,任一像元 (m,n) 的复信号可表示为[127]:

$$
\begin{aligned}
z(m,n) &= a(m,n)\exp(j\widetilde{\varphi}(m,n)) \\
&= a(m,n)\exp[j2\pi(f_x n + f_y m)] + w(m,n)
\end{aligned}
\tag{3-8}
$$

其中,$m=1,2,\cdots,B_m$;$n=1,2,\cdots,B_n$;m 及 n 分别代表行和列。B_m 和 B_n 分别代表窗口的行数和列数。$a(m,n)$ 为复信号 $z(m,n)$ 的幅度;f_x 为行方向局部频率真值,f_y 为列方向局部频率真值;$w(m,n)$ 为噪声。

关于局部频率估计方法,已有很多学者对其进行了研究[145]。本著作采用极大似然频率估计器来估计条纹频率[145]。具体实现时,通过搜索窗口内信号频谱最大值处的频率,得到频率的极大似然估计值,一维和二维局部频率估计的情形如图 3-1 所示。

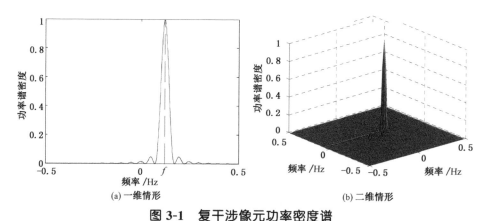

(a) 一维情形　　　　　　　　　　(b) 二维情形

图 3-1　复干涉像元功率密度谱

Figure 3-1　Power spectral density(PSD) of complex InSAR image

局部频率估计的误差与功率谱密度分布函数的宽度有关,密度函数分布得越宽,估计的误差就越大。克拉美罗界被用来衡量功率谱密度函数分布的宽度,密度函数分布越宽,克拉美罗界就越大。局部频率估计误差的克拉美罗界为[68]:

$$c(f_x) = \frac{1-r^2}{r^2 B_m B_n (B_m^2 - 1)}$$

$$c(f_y) = \frac{1-r^2}{r^2 B_n B_m (B_n^2 - 1)}$$

$$(3-9)$$

其中，r 为干涉图的相干系数。

由此，像元 (a,s) 到像元 (m,n) 的梯度估计值可由下式计算：

$$\vec{\delta}_\varphi = 2\pi \vec{f}_{x(a,s)} (m-a) + 2\pi \vec{f}_{y(a,s)} (n-s) \tag{3-10}$$

其中，$\vec{f}_{x(a,s)}$ 和 $\vec{f}_{y(a,s)}$ 分别为以像元 (a,s) 为中心的行方向及列方向的局部频率值，由式(3-9)及(3-10)，局部相位梯度估计误差的方差可由下式计算：

$$\sigma_w^2 = (2\pi)^2 \left[(m-a)^2 \cdot c(f_x) + (n-s)^2 \cdot c(f_y) \right] \tag{3-11}$$

由以上分析可以看出，从混有噪声的干涉图中提取真实的相位梯度几乎不可能，然而相位梯度估值及其误差可通过一些估计器和模型计算出来。这为利用状态估计方法进行相位解缠提供了可行性依据。然而，由式(3-4)可以看出，梯度估计的精度直接影响状态模型的准确性，而状态方程的准确与否又直接决定解缠的精度。因此对影响相位梯度估计精度的因素进行适当的探讨显得尤为重要。常用的相位梯度估计主要由相位图的相位局部频率估计实现，常用的方法有：相位差分估计方法[146]、极大似然估计法[145]和自相关函数估计法[147]。相位梯度估计不是本书的重点研究对象，因此仅针对极大似然频率估计方法的影响因素进行分析。

3.3.2 影响相位梯度估计精度的因素

极大似然估计法运用到二维干涉影像上是以当前像素为中心，通过加分析窗获取窗口内主频率作为当前点频率估计结果，在实现时可以通过二维的快速傅里叶变换(FFT)实现频率估计。而信噪比通常直接决定能否准确获取窗口内的主频率。在通过局部二维快速傅里叶变换直接得到频率估计值时，会因为频谱分辨率过低导致频率估计值方差过高，无法获得理想的频率估计结果。通常必须通过补零实现内插使得估计结果逼近最大似然值。因此在应用极大似然频率估计器进行局部相位梯度(频率)估计时，条纹频率估计的准确与否通常与以下几种因素有关：

(1) 信噪比。信噪比对条纹频率估计精度有着明显的影响。频率估计时，窗口内的信噪比越高，估计精度越高；反之，估计精度越低。一般来说，当信噪比超过某一阈值时，就可以达到一比较满意的估计精度[148]。

(2) 有效数据长度(窗口大小)。在信号平稳区，有效数据长度越长，精度越高。然而在条纹频率变化较快的干涉图中，过长的有效数据会导致功率密度谱峰值不唯一，从而难以确定目标像元频率。

(3) 采样点数(nfft)。在应用极大似然频率估计器进行条纹频率估计时，需要进行离散傅里叶变换，而栅栏效应是离散傅里叶变换固有的现象。为了减轻栅栏效应,通常在有限长序列的尾部补零来增加原序列的长度,由此来增加频谱的频率取样密度,得到高密度频谱。这样在寻找功率谱密度函数峰值对应的频率时,可以找到比较接近峰值对应的频率真值的频率估值。然而采样点数越多越费时,因此需要尽量在保证精度的前提下减少采样点数,从而减少整个解缠时间。

3.3.3 实验分析

为了验证信噪比、有效数据长度及补零长度对相位梯度估计精度的影响,对两组模拟干涉图数据进行了实验分析。实验数据分别采用附录中的模拟数据六和模拟数据七。

实验方法:验证某一因素时,其他因素保持不变。利用极大似然估计法对干涉图分别在行方向和列方向进行条纹频率估计。极大似然估计法采用 matlab 软件编程实现。

实验一:验证信噪比对条纹频率估计的影响。

分别在附图 6 中加入噪声,对应的信噪比分别为 3、1.5、0.8、0.4、0.25、0.2。参与二维傅里叶变换的有效数据长度取窗口大小为 20×20 的像素,采样点数为 512。由于加入的噪声为随机噪声,本书采用 50 次运算的平均值作为条纹频率估计的结果。

由于模拟数据六和模拟数据七的结果在目视效果上比较类似,为了行文简洁,仅给出了模拟数据六加入噪声后信噪比分别为 3、1.5 及 0.4 时的结果图。图 3-2 (a)~(c)为模拟数据六加入噪声后的干涉图,图 3-3(a)~(c)为图 3-2(a)~(c)对应的二维功率谱密度图,表 3-1 为不同信噪比下两组数据的估计结果。从图 3-3 可以看出,随着信噪比的降低,功率谱密度函数的峰值趋于多样化,结合干涉图信息,易知那些较低的峰值代表噪声。由表 3-1 的条纹频率估计统计结果可知,当信噪比在一定阈值之上时,估计精度相当;而当信噪比小到一定程度后,估计出现了较大偏差。两组数据当信噪比为 0.2 时,估计精度都大大下降。当信噪比为 0.25 时,频率真值为 0.038 0 的条纹方向(模拟数据七中的行方向)对应的估计相对误差达到了 10^{-2},远大于数据一和数据二中其他三个方向对应的估计相对误差 10^{-3}。这是因为条纹频率越小,说明单个像元代表的相位越小,当所加的噪声的统计特性(信噪比)相同时,小相位信号比大相位信号更容易被噪声淹没。综上,当条纹频率一定时,信噪比越高,估计精度越高,当信噪比达到一定阈值时,对于大于此阈值的信噪比情形,估计精度相当。当外加噪声相同时(信噪比相同时),条纹频率越大,局部频率估计的精度越高。

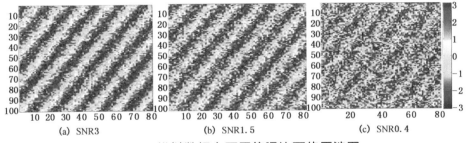

(a) SNR3   (b) SNR1.5   (c) SNR0.4

图 3-2 　模拟数据六不同信噪比下的干涉图

Figure 3-2 　The interferograms of simulated data 6 under different SNR parameters

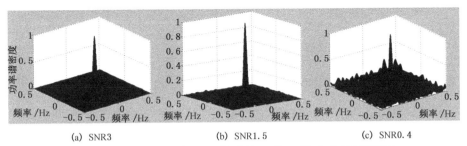

(a) SNR3   (b) SNR1.5   (c) SNR0.4

图 3-3 　模拟数据六不同信噪比下的二维功率谱密度图

Figure 3-3 　The two-dimensional PSD of simulated data 6 under different SNR parameters

表 3-1 　不同信噪比下模拟数据的局部频率估计结果(单位:Hz/pixel)

Table 3-1 　Local frequency estimation rusults of two
simulated data under different SNR parameters

	SNR	3	1.5	0.8	0.4	0.25	0.2	真值
数据六	行向频率	0.060	0.059	0.060	0.059	0.059	0.026	0.060
	列向频率	0.125	0.125	0.125	0.124	0.124	0.088	0.125
数据七	行向频率	0.038	0.037	0.038	0.037	0.019	0.016	0.038
	列向频率	0.070	0.070	0.070	0.070	0.076	0.062	0.070

实验二:验证有效数据长度对条纹频率估计精度的影响。

本实验对模拟数据六的三种含噪干涉图 [图 3-2(a)、(b)、(c)]进行条纹频率估计,有效数据长度分别取窗口大小为 3×3、5×5、10×10、20×20 及 30×30 的像元,采样点数为 512。为了行文简洁,图 3-4、图 3-5 仅给出了信噪比分别为 3 和 0.4 时窗口为 3×3、5×5 及 30×30 时的功率谱密度。表 3-2 为具体的条纹频率估计结果。

由表 3-2 可以看出:当信噪比为 3 时,参与傅里叶变换的窗口即使为 3×3,其估计精度也可以达到 10^{-3},但从功率谱密度函数(图 3-4 a、b、c)的形状来看,窗口大的精度更高,而当信噪比为 0.4 时,10×10 的窗口也得不到理想的估计结果。但当有效数据足够长时,即使信噪比较低,估计精度也较满意。这就说明当信噪比较高时,无须纠结有效数据长度(窗口大小)的选择参数,当条纹频率变化较快(条纹比较复杂)时,选择较小的窗口来保证参与傅里叶变换的条纹频率为恒定的,以便使得功率谱密度函数的峰值较单一,从而得到较精确的局部频率;当条纹频率变化较慢时,可以选择较大的计算窗口,一般可以得到较可靠的结果。

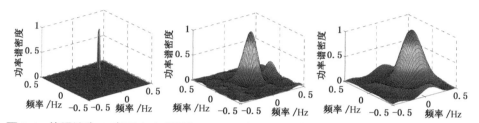

图 3-4　信噪比为 3,窗口大小分别为 30×30(左)、5×5(中)和 3×3(右)时的功率谱密度图

Figure 3-4　PSD plots of simulated data 6under different window size when SNR is 3

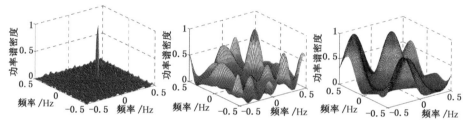

图 3-5　信噪比为 0.4,窗口大小分别为 30×30(左)、5×5(中)和 3×3(右)的功率谱密度图

Figure 3-5　PSD plots of simulated data 6under different window size when SNR is 0.4

表 3-2　不同采样窗口大小下的模拟数据六局部频率估计结果(单位:Hz/pixel)

Table3-2　Local frequency estimation rusults of
simulated data 6under different window size

有效数据长度		30×30	20×20	10×10	5×5	3×3	真值
SNR=3	行向频率	0.038	0.038	0.037	0.038	0.037	0.038
	列向频率	0.070	0.070	0.070	0.070	0.070	0.070
SNR=1.5	行向频率	0.037	0.037	0.036	0.046	0.040	0.038
	列向频率	0.070	0.070	0.070	0.086	0.056	0.070
SNR=0.4	行向频率	0.038	0.037	0.035	0.043	0.094	0.038
	列向频率	0.069	0.070	0.064	0.078	0.059	0.070

实验三:验证采样点数(nfft)对条纹频率估计精度的影响。

本实验对两种含噪干涉图[图 3-2(a)、(c)]进行条纹频率估计,采样点数分别为 1 024、512、256、128、64 及 32,参与二维傅里叶变换的有效数据长度均设为 20×20。程序运行的硬件平台是 CPU 为酷睿 i5-4200M 和 4G 内存的笔记本电脑。软件平台为 Window 7 操作系统下的 Matlab R2009a 版本。表中的时间项为对窗口大小为 20×20 的像元求 50 次二维频率估计的运行时间。表 3-3 为条纹频率估计结果。

　　由表 3-3 可以看出,当采样数目较大时,估计精度较高,相反则较低。从功率谱密度函数的形状(图 3-6)来看,函数值曲面一致。也就是说,频率分辨率并没有发生改变,不同的是频率的取值密度(也叫频率分辨力)当采样数目较大时,频率取值较密,进而由最大似然估计获得的峰值对应的频率值较精确,反之,得到的频率精度较低。由此看来,采样数目通过影响频率的分辨力来影响频率估计的精度。对于相位解缠,假设相邻像素的相位差在 $-\pi$ 到 $+\pi$ 之间,因此条纹频率应在 -0.5 到 0.5 之间。若要求条纹频率精确到 10^{-3},亦即频率分辨力为 10^{-3} 级,则使得采样点数大于 500 即可。然而采样数目越大,算法的运算效率就越低。由表 3-3 中不同采样数目的时间统计结果可以看出,当采样点数为 1 024 时,相比于 512,时间增加约一倍(大约 3 秒),对于大小为 $M \times N$ 的影像,若每一像元都需要作一次傅里叶变换,计算时间将增加 3 秒的 $M \times N$ 倍。一个像元个数为 10 000 的干涉图,当采样数目为 1 024 时所需时间大约要比采样数目为 512 时增加将近 3 个小时。因此兼顾计算效率和 2 的幂次要求,一般情况下取采样数目为 512 即可达到理想效果。

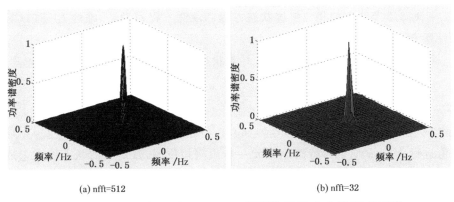

(a) nfft=512　　　　　　　　　　　　　　(b) nfft=32

图 3-6　信噪比为 3 时不同 FFT 采样数目的功率谱密度函数

Figure 3-6　PSD plots of simulated data 6under different FFT sample number when SNR is 3

　　综合三种因素的实验结果可知,对于信噪比较高、条纹较密的干涉图,可采用小窗口估计条纹频率;对于信噪比较高、条纹较疏的干涉图,可采用较大窗口估计条纹频率;对于信噪比低、条纹较疏的干涉图,在保证条纹频率不变的情况下,尽量增大估计窗口;然而对于信噪比较低、条纹变化较快的干涉图,通常难以平衡两种特征对窗口的要求。信噪比低可以通过增大估计窗口来改善,然而增大估计窗口又会带来功率谱密度函数峰值多样化导致的淹没当前像元瞬时频率的结果。此时可通过适当的预滤波技术提高估计窗口的信噪比,然后采用较小窗口的方式来达到较高的估计精度。对于采样数目,可以根据所要求的精度级别来确定。一般情况下,采样数目为 512 即可满足大多数的解缠精度(10^{-3})要求。

表 3-3　模拟数据六不同 FFT 采样时的局部频率估计结果(单位:Hz/pixel)

Table 3-3　Local frequency estimation rusults of simulated data 6 with different FFT sample number

采样数目		1 024	512	256	128	64	32	真值
数据六	行向	0.038	0.038	0.038	0.039	0.034	0.031	0.038
	列向	0.070	0.070	0.070	0.070	0.067	0.062	0.070
	运行时间/s	6.455	3.717	2.346	2.636	2.092	1.697	—
SNR=0.4	行向	0.038	0.038	0.037	0.037	0.036	0.031	0.038
	列向	0.069	0.070	0.070	0.070	0.067	0.063	0.070
	运行时间/s	5.835	3.130	1.977	1.967	1.963	1.656	—

3.4　扩展卡尔曼滤波相位解缠方法

3.4.1　扩展卡尔曼滤波相位解缠方法与步骤

针对 3.2 节建立的相位解缠状态方程和观测方程模型,一维的 EKFPU 算法的计算步骤表述如下[50,66]:

第一步,由式(3-12)和式(3-13),计算状态向量的预测值及其对应的方差阵:

$$\hat{x}_{k+1,k} = \hat{x}_{k,k} + \hat{u}_{k,k} \tag{3-12}$$

$$P_{k+1,k} = P_{k,k} + Q_{k,k} \tag{3-13}$$

其中,$\hat{x}_{k,k}$ 为已知像元的相位估计值,$P_{k,k}$ 为其估计方差阵,其初始值可以根据经验值进行选定;$\hat{x}_{k+1,k}$ 为待解缠像元一步预测相位值,其对应的状态协方差阵为 $P_{k+1,k}$;$\hat{u}_{k,k}$ 为相位梯度估计值,$Q_{k,k}$ 为相位梯度估计协方差阵。

第二步,根据上一步得到的一步预测值 $\hat{x}_{k+1,k}$ 和方差阵 $P_{k+1,k}$,可得待解缠像元状态估计值 $\hat{x}_{k+1,k+1}$ 和对应的协方差阵 $P_{k+1,k+1}$:

$$\hat{x}_{k+1,k+1} = \hat{x}_{k+1,k} + K_{k+1} r_{k+1,k+1} \tag{3-14}$$

$$P_{k+1,k+1} = (I - K_{k+1} H_{k+1,k}) P_{k+1,k} \tag{3-15}$$

其中,K_{k+1} 为滤波增益矩阵;$r_{k+1,k+1}$ 为新息序列矩阵;$H_{k+1,k}$ 为线性化后的观测矩阵;I 为单位阵,计算方法如下:

$$K_{k+1} = P_{k+1,k} H_{k+1,k}^{\mathrm{T}} (H_{k+1,k} P_{k+1,k} H_{k+1,k}^{\mathrm{T}} + R_{k+1,k+1})^{-1} \tag{3-16}$$

$$r_{k+1,k+1} = y_{k+1,k+1} - H_{k+1,k} \hat{x}_{k+1,k} \tag{3-17}$$

$$H_{k+1,k} = \frac{\mathrm{d}}{\mathrm{d}x} h(x) \Big|_{\hat{x}_{k+1,k}} = [-\sin(\hat{x}_{k+1,k}) \quad \cos(\hat{x}_{k+1,k})]^{\mathrm{T}} \tag{3-18}$$

这里，$R_{k+1,k+1}$ 为观测噪声方差阵；$y_{k+1,k+1}$ 为测量值；$h(x)$ 为相位缠绕的非线性测量函数。

对于二维相位展开，EKFPU 算法预测原理如图 3-7 所示。任一像元的相位预测值由相邻的 8 个像元中已展开像元的加权和得到，因此仅有预测公式(3-12)需要修正。用二维坐标 (m,n) 代替一维 k，则像元 (m,n) 的相位预测值 $\hat{x}_{m,n}^{-}$ 及误差协方差可以修正为 $P_{m,n}^{-}$：

$$\hat{x}_{m,n}^{-} = \sum_{(a,s) \in (B \cap L)} d(a,s) \hat{x}_{[(m,n)\,|\,(a,s)]}^{-} \tag{3-19}$$

$$P_{m,n}^{-} = \sum_{(a,s) \in (B \cap L)} d^{2}(a,s) (P_{[(m,n)\,|\,(a,s)]} + Q_{(a,s)}) \tag{3-20}$$

其中，B 代表待解缠像元 (m,n) 的 8 个相邻像元位置，L 代表整幅图像的像元位置。$\hat{x}_{[(m,n)\,|\,(a,s)]}^{-}$ 代表由已解缠像元 (a,s) 估计得到的当前像元的预测值，$P_{[(m,n)\,|\,(a,s)]}$ 为已解缠像元 (a,s) 解缠相位估计值方差阵。$Q_{(a,s)}$ 为从已解缠像元 (a,s) 到当前像元 (m,n) 方向梯度估计方差阵。$d(a,s)$ 为权阵，计算如下[135]：

$$d(a,s) = \frac{\left[P_{(a,s)} \times \frac{1}{\mathrm{SNR}_{(a,s)}} \right]^{-1} g(a,s)}{\sum\limits_{(a,s) \in (B,L)} \left(\left[P_{(a,s)} \times \frac{1}{\mathrm{SNR}_{(a,s)}} \right]^{-1} g(a,s) \right)} \tag{3-21}$$

$$g(a,s) = \begin{cases} 1, & (a,s)\,\mathrm{pixel-unwrapped} \\ 0, & (a,s)\,\mathrm{pixel-wrapped} \end{cases} \tag{3-22}$$

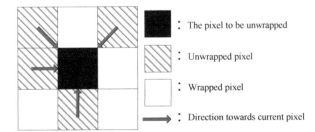

■ : The pixel to be unwrapped

▨ : Unwrapped pixel

□ : Wrapped pixel

➤ : Direction towards current pixel

图 3-7　二维 EKF 相位展开算法预测原理

Figure 3-7　Prediction principle of two-dimensional EKFPU

在利用卡尔曼滤波进行相位解缠之前首先对两对 SAR 图像进行配准，计算得到复干涉图、相干系数图，进而得到观测干涉相位等。然后，利用它们计算出卡尔曼滤波相位解缠算法需要的参数。其中，卡尔曼滤波的观测方程中所需的观测噪声方差可以从相干系数图得到。由复干涉图可以计算出局部梯度估计以及误差方差(梯度估计误差)。选择一合适的质量函数引导路径跟踪进行相位解缠。综上,利用卡尔曼滤波进行相位解缠的基本算法框架如图 3-8 所示。本书所有基于卡尔曼滤波思想的相位解缠方法均采用 Matlab 软件编程实现。

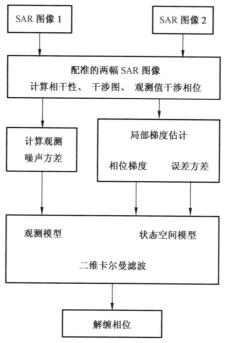

图 3-8　卡尔曼滤波相位解缠算法

Figure 3-8　Flow-chat of phase unwrapping by Kalman Filtering

3.4.2　实验结果与分析

为了便于与 2.3 节中枝切法、质量图法、基于 FFT 的最小二乘算法和最小费用流法作比较,本小节的实验数据同 2.3 节中的三组数据(见附录),即模拟数据一(简单地形)、模拟数据二(复杂地形)以及实测数据 A。采用相干系数图作为引导质量跟踪的质量图。状态方程中相位梯度估计采用极大似然估计法,其解缠结果分别如图 3-9、图 3-10 和图 3-11 所示。不同方法的定量比较结果如表 3-4、表 3-5 及表 3-6 所示。从解缠相位图看,EKF 相位解缠算法均得到了较理想的解缠结果。从解缠相位反缠绕图看,条纹数及形状与原待解缠图基本保持一致,同时相位噪声大大减少。

表 3-4 给出了简单地形模拟数据不同方法相位解缠结果的定量比较。从表中可以看出,除最小二乘相位解缠方法以外,其余四种解缠方法的误差都在比较理想的范围内。其中 EKF 方法精度最高,枝切法和最小费用流法次之。

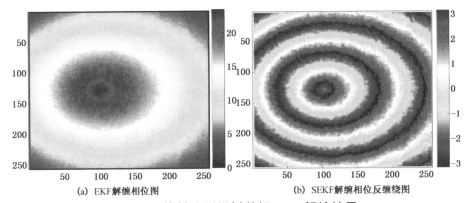

(a) EKF解缠相位图　　　　　(b) SEKF解缠相位反缠绕图

图 3-9　简单地形模拟数据 EKF 解缠结果

Figure 3-9　The unwrapped results based on EKFPU for simple terrain data

表 3-4　简单地形不同解缠方法的解缠误差结果比较

Table 3-4　The unwrapped results based on different PU methods for simple terrain data

方法	误差均值 （rad）	误差均方根 （rad）	误差最小值 （rad）	误差最大值 （rad）	误差值在 [−1,1]百分比
MCF	0.001	0.305	−3.156	3.564	97.39%
枝切法	0.001	0.305	−3.156	3.564	97.39%
质量图法	−0.020	0.442	−5.827	4.209	97.57%
LS-PU	−5.718	1.872	−10.105	0.278	0.37%
EKFPU	−0.027	0.155	−0.690	0.635	99.71%

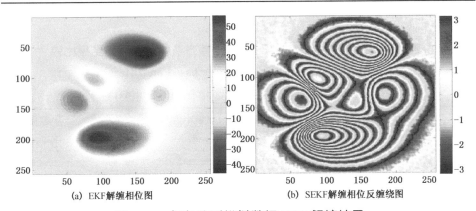

(a) EKF解缠相位图　　　　　(b) SEKF解缠相位反缠绕图

图 3-10　复杂地形模拟数据 EKF 解缠结果

Figure 3-10　The unwrapped results based on EKF for complex terrain data

表 3-5 给出了复杂地形模拟数据不同方法相位解缠结果的定量比较。需要指出的是,此组数据的传统解缠方法的结果是对无预滤波的干涉图进行解缠得到的。

从表中可以看出,枝切法没能得到误差均值、误差均方根、误差最大最小值,误差分布在[-1,1]弧度范围内像元的百分比也较低。这是因为枝切法对噪声相当敏感,当噪声较大时枝切法难以选择合适的残差点来连接形成恰当的枝切线。从而,在大部分区域解缠失败。最小二乘法和质量图法的解缠精度也相当低。综合比较,EKF最好,MCF次之。对比2.3节图2-8(g)MCF的解缠相位图,可以看出,虽然MCF方法对含噪干涉图进行解缠时得到了较平滑的解缠相位图,但由于其本身没有去噪功能,解缠结果仍然存在较大的误差。而EKF得到了精度较高的解缠结果。

表 3-5   无滤波的复杂地形不同解缠方法的解缠误差结果比较

Table 3-5   The unwrapped results of complex terrain data based on different PU method without pre-filtering

方法	误差均值 (rad)	误差均方根 (rad)	误差最小值 (rad)	误差最大值 (rad)	误差值在 [-1,1]百分比
MCF	−0.339	0.793	−8.003	13.074	78.95%
枝切法	NaN	NaN	NaN	NaN	11.44%
质量图法	2.730	8.589	−24.279	31.513	5.28%
LS-PU	−3.752	7.736	−31.832	19.716	12.63%
EKFPU	−0.064	0.441	−3.842	8.992	95.98%

注:LS-PU = 基于 FFT 的最小二乘法。

表 3-6 给出了干涉图预滤波情况下几种常用相位解缠方法解缠结果与干涉图不预滤波下 EKF 解缠结果的定量比较。从表中可以明显看出,除 EKF 外,其他方法都得到了比较糟糕的解缠结果。这是因为预滤波技术在去噪的同时扭曲了密集条纹较多的细节信息。

表 3-6   预滤波后的复杂地形不同解缠方法的解缠误差结果比较

Table 3-6   The unwrapped results based on different PU methods for pre-filtered complex terrain data

方法	误差均值 (rad)	误差均方根 (rad)	误差最小值 (rad)	误差最大值 (rad)	误差值在 [-1,1]百分比
MCF	−10.478	9.531	−56.332	19.190	35.06%
枝切法	NaN	NaN	NaN	NaN	28.42%
质量图法	16.672	14.675	−16.419	55.456	28.40%
LS-PU	−3.284	10.952	−43.816	30.352	7.23%
EKFPU	−0.064	0.441	−3.842	8.992	95.98%

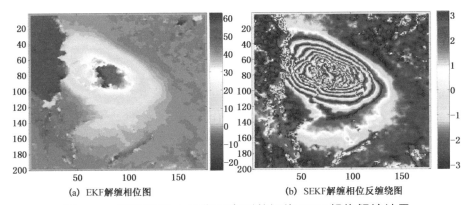

(a) EKF解缠相位图 (b) SEKF解缠相位反缠绕图

图 3-11 实测数据 A 工作面实测数据的 EKF 相位解缠结果

Figure 3-11 The unwrapped results based on EKFPU for real data A

综上可以看出,对于简单地形数据(条纹稀疏、地形简单)而言,无论常用的经典解缠方法还是 EKF 相位解缠算法,均能较好地实现相位展开。对于复杂地形数据(条纹密集、噪声较大)而言,经典解缠方法在预滤波后,干涉图容易失去细节信息导致条纹混叠,无法正常实现相位解缠,而 EKF 相位解缠方法能较好地解决这个难题,因此较适合于条纹密集数据的相位解缠。

3.5 无迹卡尔曼滤波相位解缠方法

相位解缠的观测方程本质上是一组非线性方程。UKF、CKF、PF、UPF 被认为是解决非线性模型状态估计的有效方法。许多学者分别应用 UKF、PF、UPF 等非线性模型解决相位解缠的非线性问题[131,132,135,138,149,150]。然而,PF 类的相位解缠算法的计算量较大,不易在实际处理数据中应用[151]。UKF 相位解缠方法是一种比较有效的相位解缠方法[152]。

1995 年,英国牛津大学学者 S. J. Julier 和 J. K. Uhlmann 首次提出了 UKF 滤波(Unscented Kalman Filter)算法,其后美国学者 E. A. Wan 和 R. van der Merwe 等人又进一步展开研究。在处理非线性模型的有些情况时,特别是在非线性函数的表达式比较复杂时(强非线性模型),近似非线性函数输出的概率分布比近似非线性函数更容易。与 EKF 中的非线性函数泰勒级数展开后的一阶线性化近似的处理思路不同,UKF 通过一种称为 UT(Unscented Transformation)的非线性变换方法,直接进行非线性函数的状态及其协方差矩阵的传播,避免了非线性函数线性化近似过程中复杂的 Jacobian 矩阵的求解。与蒙特卡洛随机采样相比,UT 变换通过精心选取少量的采样点来近似非线性函数的概率分布,计算量较小。

假设非线性函数为 $y=g(x)$。直接给出实际应用中非线性 UT 变换的公式如下:

$$\begin{cases} \boldsymbol{\chi} = [\bar{x} \quad [\bar{x}]_N + \gamma\sqrt{P_x} \quad [\bar{x}]_N - \gamma\sqrt{P_x}] \\ \boldsymbol{\eta}_i = f(\boldsymbol{\chi}_i) \\ \bar{y} = \sum_{i=0}^{2n} W_i^m \boldsymbol{\eta}_i \\ P_y = \sum_{i=0}^{2n} W_i^c (\boldsymbol{\eta}_i - \bar{y})(\boldsymbol{\eta}_i - \bar{y})^T \\ P_{xy} = \sum_{i=0}^{2n} W_i^c (\boldsymbol{\eta}_i - \bar{x})(\boldsymbol{\eta}_i - \bar{y})^T \end{cases} \qquad (3\text{-}23)$$

上式中的各加权系数的计算公式如下式所示：

$$\begin{cases} \lambda = \alpha^2(n+\kappa) - n \\ \gamma = \sqrt{n+\lambda} \\ W_0^m = \lambda/\gamma^2 \\ W_0^c = W_0^m + (1-\alpha^2+\beta) \\ W_i^m = W_i^c = 1/(2\gamma^2) \end{cases} \qquad (3\text{-}24)$$

其中，n 是状态向量 x 的维数，P_x 为状态向量 x 的估计误差协方差，$\boldsymbol{\chi}$ 为选取的 Sigma 点，α 用于确定 Sigma 采样点在其均值 $\bar{x}$（由采样点加权得到）附近分布的情况。调整 α 的值可以调节 Sigma 点与 $\bar{x}$ 的距离，通常选取一个小的正值，以避免非线性严重时的非局部性效应影响，一般可以选择 $10^{-4} \leqslant \alpha \leqslant 1$，典型情况下可以取值为 $\alpha = 10^{-3}$。κ 是一个比例因子，β 是另一个比例因子，用于合并状态分布的先验知识。考虑随机输入 x 的先验分布信息，调节 β 有望提高输出方差阵的传播估计精度，对于高斯分布型输入 x，其最优值为 2。理论分析表明，非线性 UT 变换（选择合适的参数）的输出均值具有二阶精度，而方差阵具有三阶精度，优于泰勒级数近似线性化的统计特性传播精度。

与扩展卡尔曼滤波相位解缠类似，将式（3-23）应用于 3.2 小节中的相位解缠模型式（3-4）及式（3-6）中，即可得到无迹卡尔曼滤波相位解缠方法的步骤[68]。

设像元 k 的状态估计及其估计误差协方差分别为 $x(k)$ 和 $P_{xx}(k)$，则可以按照式（3-23）计算 k 像元的 Sigma 点 $\boldsymbol{\chi}_i(k)$，则 $k+1$ 像元 Sigma 点的预测值 $\boldsymbol{\chi}_i^-(k+1)$ 以及 $k+1$ 像元状态预测值 $x^-(k+1)$ 及其预测误差协方差阵 $P_{xx}^-(k+1)$ 如下所示：

$$\begin{cases} \boldsymbol{\chi}_i^-(k+1) = f[\boldsymbol{\chi}_i(k)] \\ x^-(k+1) = \sum_{i=0}^{2n} W_i^m \boldsymbol{\chi}_i^-(k+1) \\ P_{xx}^-(k+1) = \sum_{i=0}^{2n} W_i^c (\boldsymbol{\chi}_i^-(k+1) - x^-(k+1))(\boldsymbol{\chi}_i^-(k+1) - x^-(k+1))^T + Q(k) \end{cases} \qquad (3\text{-}25)$$

其中，$Q(k)$ 为像元 k 相位梯度估计误差方差。

根据式(3-26)可以得到预测量测值的 Sigma 点 $\boldsymbol{\xi}_i^-$：

$$\boldsymbol{\xi}_i^- = h\left[\boldsymbol{\chi}_i^-(k+1)\right] \tag{3-26}$$

则预测量测 $\boldsymbol{y}^-(k+1)$ 及对应的误差协方差阵 $\boldsymbol{P}_{yy}^-(k+1)$ 为：

$$\begin{cases} \boldsymbol{y}^-(k+1) = \displaystyle\sum_{i=0}^{2n} W_i^m \boldsymbol{\chi}_i^-(k+1)\boldsymbol{\xi}_i^- \\ \boldsymbol{P}_{yy}^-(k+1) = \displaystyle\sum_{i=0}^{2n} W_i^c \left[\boldsymbol{\xi}_i^- - \boldsymbol{y}^-(k+1)\right]\left[\boldsymbol{\xi}_i^- - \boldsymbol{y}^-(k+1)\right]^{\mathrm{T}} + \boldsymbol{R}(k+1) \end{cases} \tag{3-27}$$

则量测和状态向量的互协方差矩阵 $\boldsymbol{P}_{xy}^-(k+1)$、增益矩阵 $\boldsymbol{K}(k+1)$ 及状态估计 $\boldsymbol{x}(k+1)$ 及其对应的协方差矩阵 $\boldsymbol{P}_{xx}(k+1)$ 可写为如下形式：

$$\begin{cases} \boldsymbol{P}_{xy}^-(k+1) = \displaystyle\sum_{i=0}^{2n} W_i^c \left[\boldsymbol{\chi}_i^-(k+1) - \boldsymbol{x}^-(k+1)\right]\left[\boldsymbol{\xi}_i^- - \boldsymbol{y}^-(k+1)\right]^{\mathrm{T}} \\ \boldsymbol{K}(k+1) = \boldsymbol{P}_{xy}^-(k+1)/\boldsymbol{P}_{yy}^-(k+1) \\ \boldsymbol{x}(k+1) = \boldsymbol{x}^-(k+1) + \boldsymbol{K}(k+1)(\boldsymbol{y}(k+1) - \boldsymbol{y}^-(k+1)) \\ \boldsymbol{P}_{xx}(k+1) = \boldsymbol{P}_{xx}^-(k+1) - \boldsymbol{K}(k+1)\boldsymbol{P}_{xy}^-(k+1)\boldsymbol{K}^{\mathrm{T}}(k+1) \end{cases} \tag{3-28}$$

$\boldsymbol{y}^-(k+1)$ 和 $\boldsymbol{y}(k+1)$ 分别为像元 k 量测预测及量测值，$\boldsymbol{R}(k+1)$ 是像元 k 量测误差方差。

式(3-25)至式(3-28)即为利用 UKF 的相位解缠算法。这种方法可同时完成相位解缠和噪声去除。

3.6 容积卡尔曼滤波相位解缠方法

UKF 相位解缠方法是一种比较有效的相位解缠方法[152]，但算法中生成采样点时涉及一些参数设置环节，参数设置的正确与否直接影响到解缠结果的精确性。而 CKF 算法在生成采样点时不需要设置参数。基于此，一种基于容积卡尔曼滤波 (Cubature Kalman Filtering, CKF) 的相位解缠方法被提出来。

2009 年，Arasaratnam I. 和 Haykin S. 提出的 Cubature 卡尔曼滤波，基于 Bayes 估计方法的基本思路，采用一组等权值的容积点 (cubature points) 集解决 Bayes 滤波的积分问题，即使用容积数值积分原则计算非线性变换后的随机变量的均值和协方差[153]。

3.6.1 CKF 算法基本原理

假定滤波过程中所有的条件密度都符合高斯分布，则 Bayesian 滤波问题可简化成为求解形如"非线性函数×高斯密度"的多维积分问题，即求解：

$$I(g) = \int_{R^n} g(x) \mathrm{e}^{-x^{\mathrm{T}}x} \mathrm{d}x \tag{3-29}$$

其中，$g(x)$ 为任意被积函数，R^n 为积分区域。

将 Bayesian 滤波的基本过程均以上述形式进行统一表述,则在高斯分布的假设条件下,针对式(3-29)所示的非线性系统的 Bayesian 滤波方程可以写成:

$$\hat{\boldsymbol{x}}_{k/k-1} = \int_{R^n} f(\boldsymbol{x}_{k-1}, k-1) \times \mathcal{N}(\boldsymbol{x}_{k-1}; \hat{\boldsymbol{x}}_{k-1}, \boldsymbol{P}_{k-1}) \mathrm{d}\boldsymbol{x}_{k-1} \tag{3-30}$$

$$\boldsymbol{P}_{k/k-1} = \int_{R^n} f(\boldsymbol{x}_{k-1}, k-1) f^{\mathrm{T}}(\boldsymbol{x}_{k-1}, k-1)$$
$$\times \mathcal{N}(\boldsymbol{x}_{k-1}; \hat{\boldsymbol{x}}_{k-1}, \boldsymbol{P}_{k-1}) \mathrm{d}\boldsymbol{x}_{k-1} - \hat{\boldsymbol{x}}_{k/k-1} \hat{\boldsymbol{x}}_{k/k-1}^{\mathrm{T}} + \boldsymbol{Q}_{k-1} \tag{3-31}$$

$$\hat{\boldsymbol{z}}_{k/k-1} = \int_{R^n} h(\boldsymbol{x}_k, k) \times \mathcal{N}(\boldsymbol{x}_k; \hat{\boldsymbol{x}}_{k/k-1}, \boldsymbol{P}_{k/k-1}) \mathrm{d}\boldsymbol{x}_k \tag{3-32}$$

$$\boldsymbol{P}_{zz} = \int_{R^n} h(\boldsymbol{x}_k, k) h^{\mathrm{T}}(\boldsymbol{x}_k, k) \times \mathcal{N}(\boldsymbol{x}_k; \hat{\boldsymbol{x}}_{k/k-1}, \boldsymbol{P}_{k/k-1}) \mathrm{d}\boldsymbol{x}_k - \hat{\boldsymbol{z}}_{k/k-1} \hat{\boldsymbol{z}}_{k/k-1}^{\mathrm{T}} + \boldsymbol{R}_k \tag{3-33}$$

$$\boldsymbol{P}_{xz} = \int_{R^n} \boldsymbol{x}_k h^{\mathrm{T}}(\boldsymbol{x}_k, k) \times \mathcal{N}(\boldsymbol{x}_k; \hat{\boldsymbol{x}}_{k/k-1}, \boldsymbol{P}_{k/k-1}) \mathrm{d}\boldsymbol{x}_k - \hat{\boldsymbol{x}}_{k/k-1} \hat{\boldsymbol{z}}_{k/k-1}^{\mathrm{T}} \tag{3-34}$$

$$\boldsymbol{K}_k = \boldsymbol{P}_{xz} \boldsymbol{P}_{zz}^{-1} \tag{3-35}$$

$$\hat{\boldsymbol{x}}_k = \hat{\boldsymbol{x}}_{k/k-1} + \boldsymbol{K}_k (\boldsymbol{z}_k - \hat{\boldsymbol{z}}_{k/k-1}) \tag{3-36}$$

$$\boldsymbol{P}_k = \boldsymbol{P}_{k/k-1} - \boldsymbol{K}_k \boldsymbol{P}_{zz} \boldsymbol{K}_k^{\mathrm{T}} \tag{3-37}$$

通过数值积分可以求解上式中所示积分,即可求解 Bayesian 滤波问题。对式(3-30)至式(3-34)采用不同的积分方法可以衍生出不同的滤波器。在 Cubature 卡尔曼滤波中,基于 spherical-radial cubature 准则,采用一组带有权重的点集,经过函数计算结果的加权近似求解积分[154]。

基于 spherical-radial cubature 准则改写式(3-29)积分的形式,将向量 $\boldsymbol{x}$ 用半径 r 和单位方向向量 $\boldsymbol{y}$ 表示,即:

$$\boldsymbol{x} = r\boldsymbol{y}, \boldsymbol{y}^{\mathrm{T}} \boldsymbol{y} = 1 \tag{3-38}$$

当 $r \geqslant 0$ 时,有 $\boldsymbol{x}^{\mathrm{T}} \boldsymbol{x} = r^2$,则式(3-29)的积分可以写成如下形式:

$$I(g) = \int_0^\infty \int_{R^n} g(r\boldsymbol{y}) r^{n-1} \mathrm{e}^{-r^2} \mathrm{d}\sigma(\boldsymbol{y}) \mathrm{d}r \tag{3-39}$$

其中,$\boldsymbol{R}^n$ 为 $\boldsymbol{R}^n = \{\boldsymbol{y} \in \boldsymbol{R}^n, \boldsymbol{y}^{\mathrm{T}} \boldsymbol{y} = 1\}$ 定义的平面,如此即可将 spherical-radial 积分写成如下形式:

$$I(g) = \int_0^\infty S(r) r^{n-1} \mathrm{e}^{-r^2} \mathrm{d}r \tag{3-40}$$

其中,$S(r)$ 定义为带有单位权值函数 $w(\boldsymbol{y}) = 1$ 的 spherical-radial 积分。

$$S(r) = \int_{R^n} g(r\boldsymbol{y}) \mathrm{d}\sigma(\boldsymbol{y}) \tag{3-41}$$

利用 spherical cubature 原则即可计算式(3-30)式(3-32)中的积分。当采用三阶 spherical cubature 积分规则(与采用更高阶的 spherical-radial 积分规则的精度几乎相当)时,需要 $2n$ 个 cubature 点计算式(3-29)中的高斯加权积分,即:

$$I_N(g) = \int_{R^n} g(x) N(x; 0, \boldsymbol{I}) \mathrm{d}x \approx \sum_{i=1}^{m} \omega_i g(\xi_i) \tag{3-42}$$

其中,cubature 点集 ξ_i 由如下公式求出:

$$\xi_i = \sqrt{\frac{m}{2}} [1]_i \tag{3-43}$$

$$\omega_i = \frac{1}{m} \tag{3-44}$$

式中,$i = 1, 2, \cdots, m$,m 表示 cubature 采样点个数,使用三阶 cubature 规则时,cubature 采样点总数是状态维数 N 的 2 倍,即 $m = 2N$。ω_i 为加权系数。$[1]_i$ 表示点集 $[1]$ 中的第 i 个点,其中符号 $[1]$ 表示完整全对称点集,具体含义为对 n_x 维单位向量 $\boldsymbol{e} = [1, 0, \cdots, 0]^{\mathrm{T}}$ 的元素进行全排列和改变元素符号所产生的点集。以二维状态向量的情况为例,$[1]_i$ 表示如下向量集合中的第 i 个向量元素:

$$\left\{ \begin{pmatrix} 1 \\ 0 \end{pmatrix}, \begin{pmatrix} 0 \\ 1 \end{pmatrix}, \begin{pmatrix} -1 \\ 0 \end{pmatrix}, \begin{pmatrix} 0 \\ -1 \end{pmatrix} \right\}$$

利用上述 cubature 点集计算式(3-30)和式(3-34)中所含高斯积分,即可得到 cubature 卡尔曼滤波的算法过程。

3.6.2 简化 CKF 算法流程

对于 3.2 节相位解缠模型,Cubature 卡尔曼滤波算法使用基于 cubature 规则的数值积分方法直接计算状态的均值和方差。若 $k-1$ 时刻的后验概率为 $p(\boldsymbol{x}_{k-1} | \boldsymbol{z}_{1:k-1}) \sim \mathcal{N}(\boldsymbol{x}_{k-1}; \hat{\boldsymbol{x}}_{k-1}, \boldsymbol{P}_{k-1})$,且获得状态的方差 $\boldsymbol{P}_{k-1}$ 的一个平方根为 $\boldsymbol{S}_{k-1}$,满足:

$$\boldsymbol{P}_{k-1} = \boldsymbol{S}_{k-1} \boldsymbol{S}_{k-1}^{\mathrm{T}} \tag{3-45}$$

则标准的 Cubature 卡尔曼滤波的基本步骤如下[139]:

(1) 首先计算基本的 cubature 采样点和对应的权值。使用三阶 cubature 规则获得如下的基本 cubature 点和相应权值。

$$\xi_i = \sqrt{\frac{m}{2}} [1]_i, \omega_i = \frac{1}{m} \tag{3-46}$$

(2) 时间更新,计算 cubature 点。

$$\boldsymbol{X}_{i,k-1} = \boldsymbol{S}_{k-1} \xi_i + \hat{\boldsymbol{x}}_{k-1} \tag{3-47}$$

计算通过非线性状态方程传播的 cubature 点:

$$\boldsymbol{X}_{i,k}^* = f(\boldsymbol{X}_{i,k-1}, \boldsymbol{w}_k) \tag{3-48}$$

计算预测状态和预测方差:

$$\begin{cases} \bar{\boldsymbol{x}} = \sum_{i=1}^{m} \omega_i \boldsymbol{X}_{i,k}^* \\ \boldsymbol{P}_{k/k-1} = \sum_{i=1}^{m} \omega_i \boldsymbol{X}_{i,k}^* \boldsymbol{X}_{i,k}^{*\mathrm{T}} - \bar{\boldsymbol{x}}_k \bar{\boldsymbol{x}}_k^{\mathrm{T}} + \boldsymbol{Q}_{k-1} \end{cases} \tag{3-49}$$

（3）量测更新。

分解因式：

$$\boldsymbol{S}_{k/k-1} = chol(\boldsymbol{P}_{k/k-1}) \tag{3-50}$$

计算 cubature 点：

$$\boldsymbol{X}_{i,k} = \boldsymbol{S}_{k/k-1} \boldsymbol{\xi}_i + \bar{\boldsymbol{x}}_k \tag{3-51}$$

计算通过非线性量测方程传播的 cubature 点：

$$\boldsymbol{Z}_{i,k} = h(\boldsymbol{X}_{i,k}) \tag{3-52}$$

计算量测预测值、新息方差和协方差估计：

$$\begin{cases} \bar{\boldsymbol{z}}_k = \sum_{i=1}^{m} \omega_i \boldsymbol{Z}_{i,k} \\ \boldsymbol{P}_{zz,k} = \sum_{i=1}^{m} \omega_i \boldsymbol{Z}_{i,k} \boldsymbol{Z}_{i,k}^{\mathrm{T}} - \bar{\boldsymbol{z}}_k \bar{\boldsymbol{z}}_k^{\mathrm{T}} + \boldsymbol{R}_k \\ \boldsymbol{P}_{xz,k} = \sum_{i=1}^{m} \omega_i \boldsymbol{X}_{i,k} \boldsymbol{Z}_{i,k}^{\mathrm{T}} - \bar{\boldsymbol{x}}_k \bar{\boldsymbol{z}}_k^{\mathrm{T}} \end{cases} \tag{3-53}$$

计算增益矩阵,状态和协方差更新：

$$\begin{cases} \boldsymbol{K}_k = \boldsymbol{P}_{xz,k} / \boldsymbol{P}_{zz,k} \\ \hat{\boldsymbol{x}}_k = \bar{\boldsymbol{x}}_k + \boldsymbol{K}_k(\boldsymbol{z}_k - \bar{\boldsymbol{z}}_k) \\ \boldsymbol{P}_k = \boldsymbol{P}_{k/k-1} - \boldsymbol{K}_k \boldsymbol{P}_{zz,k} \boldsymbol{K}_k^{\mathrm{T}} \end{cases} \tag{3-54}$$

由于在相位解缠时状态预测方程为线性,因此可对面向相位解缠的 CKF 滤波算法中的状态预测方程及其协方差计算进一步简化成如下形式,即与 EKF 的状态预测方式一致：

$$\hat{\boldsymbol{x}}_{k+1,k} = \boldsymbol{A}\boldsymbol{x}_{k,k} + \hat{\boldsymbol{u}}_{k,k} \tag{3-55}$$

$$\boldsymbol{P}_{k+1,k} = \boldsymbol{A}\boldsymbol{P}_{k,k}\boldsymbol{A}^{\mathrm{T}} + \boldsymbol{Q}_{k,k} \tag{3-56}$$

由此可见,简化 CKF 算法可以避免标准 CKF 算法中的状态预测过程中进行 cubature 点采样,而采用矩阵形式进行计算,因此可以提高计算效率。

3.7 不同算法的非线性函数估计精度

本小节从非线性函数的泰勒展开式入手,分析 EKF、UKF 及 CKF 的数值稳定性[155-156]。

假设 n 维向量 $\boldsymbol{x} \sim N(\bar{\boldsymbol{x}}, \boldsymbol{P})$, $\boldsymbol{\delta}_x \sim N(0, \boldsymbol{P})$,其中：

$$x = \begin{bmatrix} x_1 \\ x_2 \\ \vdots \\ x_n \end{bmatrix}, \quad \bar{x} = \begin{bmatrix} \bar{x}_1 \\ \bar{x}_2 \\ \vdots \\ \bar{x}_n \end{bmatrix}, \quad \boldsymbol{\delta}_x = \begin{bmatrix} \delta_{x1} \\ \delta_{x2} \\ \vdots \\ \delta_{xn} \end{bmatrix} \tag{3-57}$$

则非线性函数 $g(x)$ 在均值 $\bar{x}$ 附近的泰勒展开式为：

$$g(x) = g(\bar{x} + \delta_x) = g(\bar{x}) + \frac{D_{\delta_x} g}{1!} + \frac{D_{\delta_x}^2 g}{2!} + \frac{D_{\delta_x}^3 g}{3!} + \frac{D_{\delta_x}^4 g}{4!} + \cdots \tag{3-58}$$

其中，$\dfrac{D_{\delta_x}^i g}{i!} = \dfrac{1}{i!} \left(\sum_{i=1}^{n} \delta x_i \dfrac{\partial}{\partial x_i} \right)^i g(x) \Big|_{x=\bar{x}}$。

$g(x)$ 的真实均值为：

$$\bar{g}(x) = g(\bar{x}) + \left(\frac{\nabla^{\mathrm{T}} P \nabla}{2!} \right) g(\bar{x}) + E\left[\frac{D_{\delta_x}^4 g}{4!} + \cdots + \frac{D_{\delta_x}^{2k} g}{(2k)!} \right] \tag{3-59}$$

其中，$k=2,3,\cdots,\nabla$ 表示对 $g(x)$ 求偏导。

$g(x)$ 的真实估计精度为：

$$(P_{gg})_{\mathrm{real}} = G(\bar{x}) P G^{\mathrm{T}}(\bar{x}) - \frac{1}{4} \left[(\nabla^{\mathrm{T}} P \nabla) g(\bar{x}) \right] \cdot \left[(\nabla^{\mathrm{T}} P \nabla) g(\bar{x}) \right]^{\mathrm{T}} + \tag{3-60}$$

$$E \sum_{i=2}^{\infty} \sum_{j=2}^{\infty} (D_{\delta_x}^i g)(D_{\delta_x}^i g)^{\mathrm{T}} - E \left[\sum_{i=1}^{\infty} \sum_{j=1}^{\infty} \frac{1}{(2i)!\,(2j)!} (D_{\delta_x}^{2i} g)(D_{\delta_x}^{2j} g)^{\mathrm{T}} \right]$$

其中，$G(\bar{x}) = \dfrac{\partial g}{\partial x^{\mathrm{T}}} \Big|_{x=\bar{x}}$。

3.7.1 EKF 算法中非线性函数估计精度

在 EKF 算法中，非线性函数的估计采用只保留该函数泰勒展开式中线性项，即：

$$g_{\mathrm{EKF}}(x) = g(\bar{x} + \delta_x) = g(\bar{x}) + \frac{D_{\delta_x} g}{1!} \tag{3-61}$$

则 $g_{\mathrm{EKF}}(x)$ 的均值为：

$$\bar{g}(x)_{\mathrm{EKF}}(x) = E\left(g(\bar{x}) + \left(\frac{\nabla^{\mathrm{T}} P \nabla}{2!} \right) g \right) = g(\bar{x}) \tag{3-62}$$

$g(x)$ 的线性估计精度为：

$$(P_{gg})_{\mathrm{EKF}} = G(\bar{x}) P G^{\mathrm{T}}(\bar{x}) + \frac{1}{(2!)^2} E\left[(D_{\delta_x}^2 g)(D_{\delta_x}^2 g)^{\mathrm{T}} \right] \tag{3-63}$$

$$+ \frac{1}{(3!)^2} E\left[(D_{\delta_x}^3 g)(D_{\delta_x}^3 g)^{\mathrm{T}} \right] + \cdots$$

3.7.2 UKF 算法中非线性函数估计精度

在 UKF 算法中，采用 UT 变换实现非线性函数所获得的变换值的均值，表示如下：

$$\bar{g}_{\text{UKF}}(x) = g(\bar{x}) + \left(\frac{\nabla^{\text{T}} P \nabla}{2!}\right) g(\bar{x}) + \frac{1}{2(n+k)} \sum_{i=1}^{2n} \left(\left[\frac{D_{\delta_i}^4 g}{4!} + \cdots + \frac{D_{\delta_i}^{2k} g}{(2k)!}\right]\right) \quad (3\text{-}64)$$

$g(x)$ 的 UT 变换估计精度为：

$$(P_{gg})_{\text{UKF}} = G(\bar{x}) P G^{\text{T}}(\bar{x}) - \frac{1}{4}\left[(\nabla^{\text{T}} P \nabla) g(\bar{x})\right] \cdot \left[(\nabla^{\text{T}} P \nabla) g(\bar{x})\right]^{\text{T}} + \Delta_{\sum}$$

$$(3\text{-}65)$$

其中，$\Delta_{\sum}$ 为泰勒级数展开式中高于 4 次项的和。

3.7.3　CKF 算法中非线性函数估计精度

CKF 算法中，获取非线性函数的均值和协方差方法与 UKF 类似，均值表示如下：

$$\bar{g}_{\text{CKF}}(x) = g(\bar{x}) + \left(\frac{\nabla^{\text{T}} P \nabla}{2!}\right) g(\bar{x}) + \frac{1}{2n} \sum_{i=1}^{2n} \left(\left[\frac{D_{\delta_i}^4 g}{4!} + \cdots + \frac{D_{\delta_i}^{2k} g}{(2k)!}\right]\right) \quad (3\text{-}66)$$

估计精度为：

$$(P_{gg})_{\text{CKF}} = G(\bar{x}) P G^{\text{T}}(\bar{x}) - \frac{1}{4}\left[(\nabla^{\text{T}} P \nabla) g(\bar{x})\right] \cdot \left[(\nabla^{\text{T}} P \nabla) g(\bar{x})\right]^{\text{T}} + \Delta_{\sum}^{*}$$

$$(3\text{-}67)$$

其中，$\Delta_{\sum}^{*}$ 为泰勒级数展开式中高于 4 次项的和。

从式（3-59）、（3-62）、（3-64）及（3-66）可以看出，与 $g(x)$ 的真实均值（式（3-59））对比，EKF 估计算法中，非线性函数的均值仅为真实值的零阶项，而 UKF 和 CKF 估计方法中，非线性函数的均值与真实均值仅在泰勒级数的四阶项起不一样，零阶项至三阶项完全相同。从式（3-60）、（3-63）、（3-65）及（3-67）可以看出，EKF 方法中非线性估计精度第一项与真实估计精度相同，而 UKF 和 CKF 的前两项与真实的估计精度相同。前者精度至少为 $G(\bar{x}) P G^{\text{T}}(\bar{x})$，对于后者（UKF 和 CKF 方法），精度不会超过该值。因此当对象为非线性系统时，UKF 和 CKF 的估计精度要优于 EKF 方法，并且非线性越强，精度的差异越明显。此外还可以看出，当 k 为 0 时，UKF 和 CKF 方法的非线性估计均值和估计精度一样。由于 CKF 方法具有参数设置少、采样粒子数少、理论严密、计算简单等优点，以下涉及 UKF 和 CKF 时均以 CKF 为例来进行相关研究。

3.7.4　一维正余弦函数估计精度分析

对于本著作的相位解缠模型，非线性函数为正弦余弦函数，状态向量为一维。对于正弦函数 $y = \sin(x)$，在 x 的均值 $\bar{x}$ 处的展开式为：

$$y = \sin(x) = \sin(\bar{x}) + \cos(\bar{x}) \cdot \delta_x + \frac{1}{2!}[-\sin(\bar{x})]\delta_x{}^2 + \cdots + \frac{1}{n!}\sin^{(n)}(x)\delta_x{}^n + \cdots \quad (3\text{-}68)$$

y 的均值为：

$$\bar{y} = \sin(\bar{x}) + \frac{-\sin(\bar{x})}{2!} P + \sin(\bar{x}) \cdot E\left[\sum_{k=2}^{\infty} (-1)^k \frac{\delta_x{}^{2k}}{(2k)!}\right] \quad (3\text{-}69)$$

对于 EKF 方法,正弦函数的均值误差 $E_{\sin,\mathrm{EKF}}$ 为:

$$E_{\sin,\mathrm{EKF}} = \frac{-\sin(\bar{x})}{2!}P + \sin(\bar{x}) \cdot E\left[\sum_{k=2}^{\infty}(-1)^k \frac{\delta_x^{2k}}{(2k)!}\right] \tag{3-70}$$

对于 CKF 方法,正弦函数的均值误差 $E_{\sin,\mathrm{CKF}}$ 为:

$$E_{\sin,\mathrm{CKF}} = \sin(\bar{x}) \cdot E\left[\sum_{k=2}^{\infty}(-1)^k \frac{\delta_x^{2k}}{(2k)!}\right] - \frac{1}{2}\sin(\bar{x}) \cdot$$

$$\left[\sum_{k=2}^{\infty}(-1)^k \frac{\delta_1^{2k}}{(2k)!} + \sum_{k=2}^{\infty}(-1)^k \frac{\delta_2^{2k}}{(2k)!}\right] \tag{3-71}$$

于是,$E_{\sin,\mathrm{EKF}}$ 与 $E_{\sin,\mathrm{CKF}}$ 作差可得:

$$\frac{1}{2}\sin(\bar{x}) \cdot \left[\sum_{k=2}^{\infty}(-1)^k \frac{\delta_1^{2k}}{(2k)!} + \sum_{k=2}^{\infty}(-1)^k \frac{\delta_2^{2k}}{(2k)!}\right] + \frac{-\sin(\bar{x})}{2!}P$$

$$= \sin(\bar{x}) \cdot \left[\sum_{k=2}^{\infty}(-1)^k \frac{P^k}{(2k)!} - \frac{P}{2}\right] \tag{3-72}$$

$$= \sin(\bar{x}) \cdot \sum_{k=1}^{\infty}(-1)^k \frac{P^k}{(2k)!}$$

记 $W = \sum_{k=1}^{\infty}(-1)^k \frac{P^k}{(2k)!}$,由余弦函数的马克劳林展开式知,当 $P \to 1$ 时,$|W|$ $\to 0.46$,再由 $|\sin(\bar{x})| \leqslant 1$,因此两者的误差不超过 0.46。当 $P \to 0$ 时,$|W| \to 0$,因此两者的误差趋于 0。

综上可知,状态方差越小,两者的估计精度越相似;反之,则存在较大差异。由于 CKF 可精确到三阶矩,而 EKF 仅精确到一阶矩,因此总体 CKF 优于 EKF,对于余弦函数也有相同结论。

3.7.5 实验结果与分析

本实验旨在比较 CKF 与 EKF 在相位解缠中的解缠精度。实验数据同 3.4.2 小节(见附录模拟数据一、模拟数据二及实测数据 A)。为了公平比较非线性卡尔曼滤波在处理相位解缠的非线性模型中的性能,均采用相干系数图作为引导质量跟踪的质量图,状态方程中相位梯度估计采用极大似然估计法。过程噪声和观测噪声的方差分别由式(3-7)和式(3-11)计算。

(1) 模拟数据结果及分析

对于两组模拟数据,EKF 及 CKF 相位解缠结果分别如图 3-12(a)、(b)及图 3-13(a)、(b)所示。图 3-12(c)、(d)及图 3-13(c)、(d)分别给出了 EKF 和 CKF 处理两组模拟数据的解缠相位反缠绕结果。为了更进一步说明 EKF 和 CKF 相位解缠能力,图 3-12(e)、(f)及图 3-13(e)、(f)给出了 EKF 与 CKF 解缠结果的误差图(即解缠相位与模拟相位真值的差)。还给出了 EKF 解缠相位减去 CKF 解缠相位后的相位差图(简称 EKF-CKF 解缠相位差图)及其误差统计直方图,详细如图 3-12 (g)、(h)及图 3-13(g)、(h)所示。从两组数据的解缠结果及误差图可以看出,EKF 与 CKF 方法的展开结果都较连续且解缠误差在绝大部分区域中都较小,误差较大 的像元数极少且分布在条纹变化剧烈、噪声大的区域。与原始干涉图相比,解缠相 位反缠绕图像的条纹保持得较好,虽然仍存在噪声没有完全被去除干净的现象,但 这两种方法的去噪能力已经比较明显。与常用的四种相位解缠方法(枝切法、质量 图法、基于 FFT 的最小二乘算法和最小费用流法)相比,EKF 和 CKF 相位解缠方 法均体现了其优越性,尤其是当干涉图的条纹比较复杂时(模拟数据二的干涉图), 常用的四种相位解缠方法都没能成功展开缠绕相位,而 EKF 和 CKF 则得到了比 较满意的解缠结果。从 EKF-CKF 解缠相位差图及其误差统计直方图[图 3-12 (g)、(h)及图 3-13(g)、(h)]可以看出,在条纹稀疏、相位质量较好的区域(第一组模 拟数据及第二组数据条纹稀疏区),二者的解缠精度基本相当,而在条纹变化快、噪 声较大的区域(第二组数据条纹密集区),二者的精度出现相对较大的偏差。这与 上一节理论分析相一致。因为模拟数据的噪声是与相位梯度有关的,相位梯度越 大,噪声越高,而噪声越高,状态参量的协方差矩阵就越大,因此两者的精度之差就 越大。

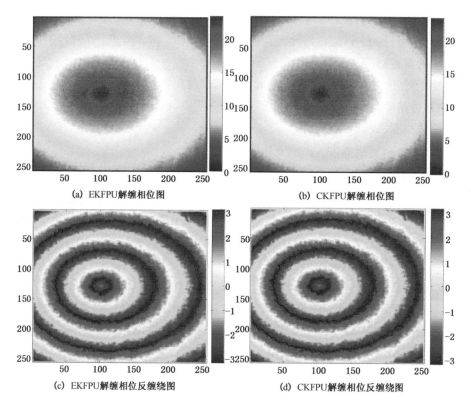

(a) EKFPU解缠相位图　　　　　　　　(b) CKFPU解缠相位图

(c) EKFPU解缠相位反缠绕图　　　　　(d) CKFPU解缠相位反缠绕图

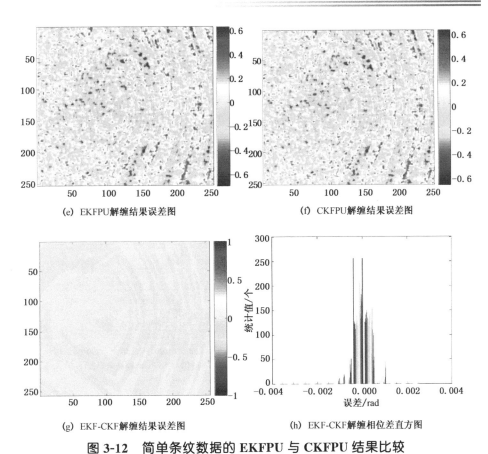

(e) EKFPU解缠结果误差图　　　　　　(f) CKFPU解缠结果误差图

(g) EKF-CKF解缠结果误差图　　　　　　(h) EKF-CKF解缠相位差直方图

图 3-12　简单条纹数据的 EKFPU 与 CKFPU 结果比较

Figure 3-12　The Comparion between EKFPU and CKFPU for simulated simple stripe

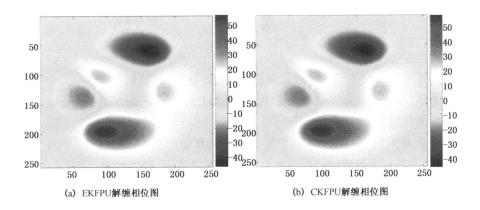

(a) EKFPU解缠相位图　　　　　　(b) CKFPU解缠相位图

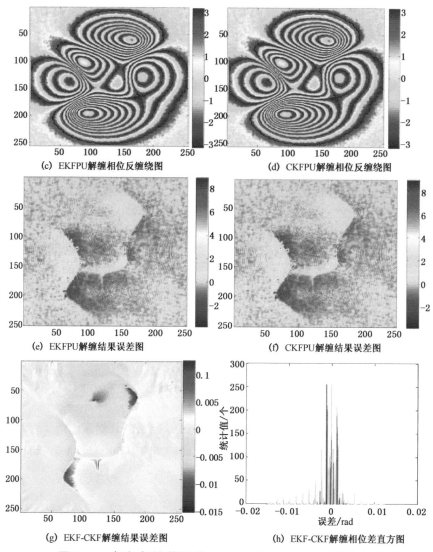

(c) EKFPU解缠相位反缠绕图　　　　(d) CKFPU解缠相位反缠绕图

(e) EKFPU解缠结果误差图　　　　(f) CKFPU解缠结果误差图

(g) EKF-CKF解缠结果误差图　　　　(h) EKF-CKF解缠相位差直方图

图 3-13　复杂条纹数据的 EKFPU 与 CKFPU 结果比较

Figure 3-13　The Comparion between EKFPU and CKFPU for simulated complex stripes

（2）实测数据结果及分析

本组实验采用附录中的实测数据 A。解缠算法分别采用 EKF 及 CKF 算法。图 3-14 为两种方法的解缠结果及解缠相位反缠绕结果,同时给出了 EKF-CKF 解缠相位差图及其误差统计直方图。与常用的四种解缠方法的解缠结果相比较,EKF 和 CKF 相位解缠方法都取得了较满意的解缠结果。一方面,解缠相位图基本可以反映工作面的实际形变情况,另一方面,从解缠能力上看,与传统方法相比,解缠结果都更接近真实的形变值范围。从图 3-14(a)、(b)可以看出,两种方法的解缠相位图在形状和颜色分布上都非常相似；由两者的作差图（EKF-CKF 解缠相位差图）及其直方图可以看出，两种方法的结果除极少数像元基本相同外，大部分误差值分布在 0.5 以内。对比数据的相干图可以看出，精度相差较大的像元均分布在相干性较差的区域，与理论分析相符。

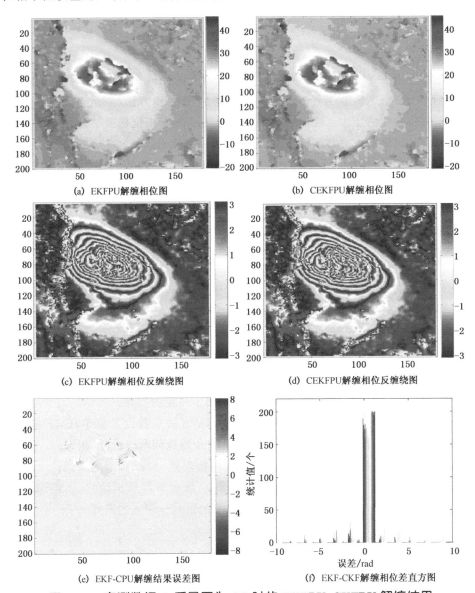

(a) EKFPU解缠相位图　　　　　　　(b) CEKFPU解缠相位图

(c) EKFPU解缠相位反缠绕图　　　　(d) CEKFPU解缠相位反缠绕图

(e) EKF-CPU解缠结果误差图　　　　(f) EKF-CKF解缠相位差直方图

图 3-14　实测数据 A 质量图为 CC 时的 EKFPU、CKFPU 解缠结果

Figure 3-14　The unwrapped results of EKFPU and CKFPU for real data A

综上分析，无论是处理模拟数据还是实测数据，EKF 和 CKF 方法均能得到比传统方法更好的结果,尤其是在条纹和噪声比较复杂的情形下(模拟数据 2 和实测数据 A),这验证了基于卡尔曼滤波的相位解缠方法在处理含有较大噪声的复杂条纹干涉图时具有明显的优势。比较 EKF 和 CKF 的结果来看,模拟数据和实测数据均证明在相位质量较好的区域,二者的精度相当,当相位质量较差时,二者的精度也表现出了一定的差异,实验结果与理论分析相符。

3.8　小结

本章介绍了对含噪干涉图直接进行相位展开的原理,研究了针对此原理实施的 EKF、UKF、CKF 等 Kalman 滤波相位解缠模型和方法,对此模型的重要环节——相位梯度估计作了较详细的介绍并研究了影响相位梯度估计精度的因素。针对相位解缠模型状态方程呈线性、观测方程呈非线性的特殊性,提出了一种简洁的 CKF 相位解缠算法。该算法只在测量更新时采用一组等权值的容积点(cubature points)集来计算非线性变换后的随机变量的均值和协方差,简化了计算量。由于此算法采用等权值容积点,与 UKF 相比,省去了参数设置。从理论上对 EKF、UKF、CKF 相位解缠模型进行了精度分析,综合模拟数据和实测数据所有试验,得出:

(1)与常用的四种相位解缠方法相比,EKF 和 CKF 解缠算法比较鲁棒。不论是简单条纹还是复杂条纹,不论是模拟数据还是实测数据,不论从目视结果还是从定量结果上,都取得了比较满意的解缠结果。

(2)EKF 和 CKF 解缠算法在条纹密集、噪声较高时优势尤为明显。可以在滤除噪声的同时较好地保留条纹细节信息,因而取得较强的解缠能力。

(3)CKF 与 EKF 相位解缠算法相比,在相位质量较好的区域,两者的精度相当;在相位质量较差的区域,两者的精度表现出了一定的差异。

(4)CKF 与 UKF 相位解缠算法相比,CKF 方法参数设置简单,CKF 实际是 UKF 的一种特殊形式,因此在处理相位解缠这个特殊问题时,精度相当。

由于 CKF 可精确到三阶矩,而 EKF 仅可精确到一阶矩,因此从理论上讲,对于非线性模型 CKF 优于 EKF。由此,本著作后续章节将从预滤波、质量函数、质量不连续干涉图等方面对 CKF 相位解缠模型的影响作深入的研究。

4　预滤波对 CKF 相位解缠结果的影响

由于地表变化、影像配准、基线去相干以及影像聚焦不一致等原因,在形成的原始干涉相位图中往往会存在大量的相位噪声,给后续相位解缠带来非常不利的影响。相位噪声的存在,轻则导致相位解缠精度下降,严重时则根本无法进行相位解缠工作[34]。为了降低相位噪声影响,通常在相位解缠之前进行噪声抑制[52]。然而,无论是简单的平滑处理(即多视处理)还是更复杂的复数域的滤波操作,在抑制噪声的同时,都不可避免地导致原始干涉相位图中的条纹信息丢失,从而影响相位解缠的精度。本章主要分析多视处理、自适应滤波等相位噪声预滤波方法对 CKF 相位解缠的影响。

4.1　视数对解缠结果的影响

多视处理是指通过多个相邻像素的平均达到抑制噪声的目的,是抑制 SAR 影像中斑点噪声的重要手段[2]。多视处理会降低空间分辨率,但会提高信号的信噪比,而空间分辨率和信号的信噪比对相位梯度估计以及相位解缠均有直接的影响,因此,分析多视处理对相位解缠的影响具有重要的意义。

4.1.1　多视处理的实现方法

在 SAR 成像阶段采用多视处理的指导思想是对同一被探测区域(像元)尽可能获取多次独立样本,减少数据的不确定性,以达到抑制斑点噪声的目的。其基本原理是:在方位向或者距离向降低处理器带宽,从而将方位向或距离向的频谱分割成若干部分,称为视窗(look)。各视窗分别成像后进行非相干叠加,以抑制噪声[157]。

具体实现是在完成距离向处理后,用一组带通滤波器把方位谱分成若干子带;对方位向参考函数进行快速傅里叶变换(FFT)后,也采用同样的多视滤波器对之进行分段,再与对应子视进行匹配滤波,之后作反(FFT)变换到时域,获得各子视图像。然后在方位向平移各子视图像以抵消其相互间的时差后,进行各子视图像之间的叠加。因此,多视处理虽然能够抑制斑点噪声,但是是以牺牲空间分辨率为代价的。对于 L 视处理,其各子视带宽是整个多普勒带宽的 $1/L$,其空间分辨率也将是单视处理的 $1/L$[158]。

在 InSAR 进行后处理时,由于 InSAR 原始数据一般是单视数的,即未作过多视处理的数据,多视处理往往是在形成干涉图之后进行。多视处理的代价是以降低空间分辨率来换取辐射分辨率的提高。在形成 SAR 影像后,也往往在空间域采取对相邻像素进行求和平均的方式来模拟多视处理,在研究 SAR 影像滤波处理的文献中采用等效视数来衡量滤波的效果[159-160]。本著作在对模拟影像进行多视处理时,采用荷兰代尔夫特科技大学(Delft University of Technology,Holland)提供的软件予以实现。

由以上综合分析得知,无论是成像阶段还是干涉后进行多视处理均可以提高图像的信噪比或者对比度,然而其代价是降低了空间分辨率。在 SAR 成像区域发生剧烈的地表形变的情况下(如地震、矿区重复采动等),干涉图中将表现出一系列紧密的干涉条纹,当影像采样率不能满足 Nyquist 采样定理的要求时,就很容易引起干涉相位混叠的现象[61],从而降低形变量的提取精度。

第 3 章第 3.3.2 小节研究了信噪比和有效数据长度对梯度估计精度的影响。理论和实验分析均表明信噪比越高,有效数据长度越长,梯度估计精度就越高。多视处理降低空间分辨率相当于缩短了有效数据长度[158]。例如,同一统计均匀地物覆盖区在 2×2 多视下,距离向和方位向像元数分别变为原来的二分之一。另外,在条纹非常密集(相位梯度较大)的情况下,多视还会导致相邻像素之间的相位差的绝对值大而发生相位影像混叠现象。(采煤沉陷区下沉速度快、沉降量大,极易导致干涉图像条纹密集。)由此,在进行梯度估计时,需要权衡由于多视处理带来的信噪比的提高、有效数据长度的缩短及相位混叠对梯度估计精度的影响。

目前,关于有效视数的合理选择问题,文献为数不多,且均没有对后续的相位解缠的影响作系统的分析。文献[157]涉及三种求有效视数的模型并指出同一幅干涉图的不同区域会有不同的有效视数,尤其在一些相干性分布变化比较大的区域。如何为高噪声大形变梯度的区域选择合适的视数也是个比较棘手的问题。并且,已有的关于视数的研究模型通常与相干性有关,而对于某些复杂区域由于相干系数分布的多样性,很难选出一有效的视数进行处理。

4.1.2 实验分析

为了全面分析不同的视数选择对 CKF 相位解缠结果的影响,采用了 5 组具有代表性的数据进行分析,见附录中的模拟数据一、模拟数据二、实测数据 A、实测数据 B 及实测数据 C。

模拟数据一:简单地形模拟数据。

图 4-1 给出了此组数据对应的无噪干涉图。为了验证不同视数对 CKF 相位解缠算法的影响,分别试验了视数分别为单视、2 视、4 视及 8 视时的解缠情况。针对单幅影像的特点,采用伪相干系数图代替相干图表达噪声的影响。图 4-2 给出了四种视数下的含噪干涉图及相应的伪相干图。为了验证多视处理对噪声

的抑制效果,在单视干涉图中加入较大的噪声,如图 4-2(a)所示。图 4-2(c)、(e)、(g)给出了在单视干涉图基础上经过 2 视、4 视及 8 视处理后的干涉图。图 4-3 给出了不同视数下干涉图的噪声(含噪复数数据与真实复数数据的差)直方图。由于实部与虚部的噪声统计性质相似,图 4-3 只给出了复数影像实部的统计直方图。

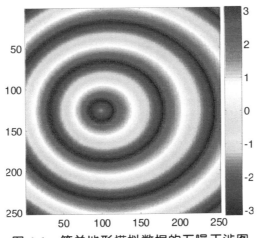

图 4-1　简单地形模拟数据的无噪干涉图

Figure 4-1　The true interferogram of simple terrain data without noisy

由图 4-2 及图 4-3 可以看出,单视干涉图含有比较大的噪声,随着多视处理时视数的增加,像元个数越来越少,噪声也越来越小,但空间分辨率越来越低。当视数增加到 8 时,噪声所剩无几[见图 4-2(g)]。但同时也可以看出,由于空间分辨率的降低,一些细节信息被掩藏了。例如,锥顶所对应的区域(圆环中心)很明显被平滑掉了,条纹边界呈现出锯齿状。

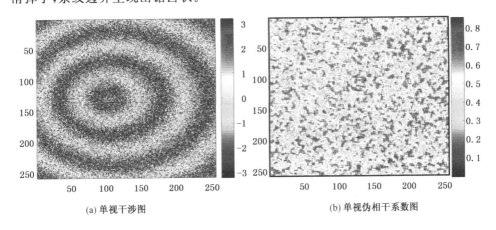

(a) 单视干涉图　　　　　　　　　　　　(b) 单视伪相干系数图

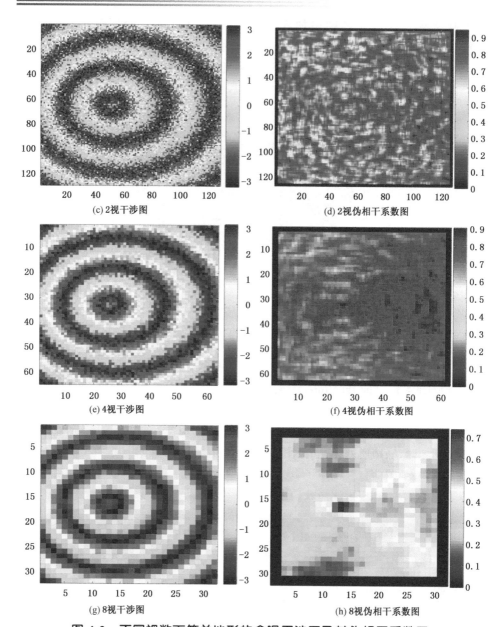

(c) 2视干涉图   (d) 2视伪相干系数图

(e) 4视干涉图   (f) 4视伪相干系数图

(g) 8视干涉图   (h) 8视伪相干系数图

图 4-2 不同视数下简单地形的含噪干涉图及其伪相干系数图

Figure 4-2 Interferograms and pseudo coherence coefficient maps under different number of looks for simple terrain data

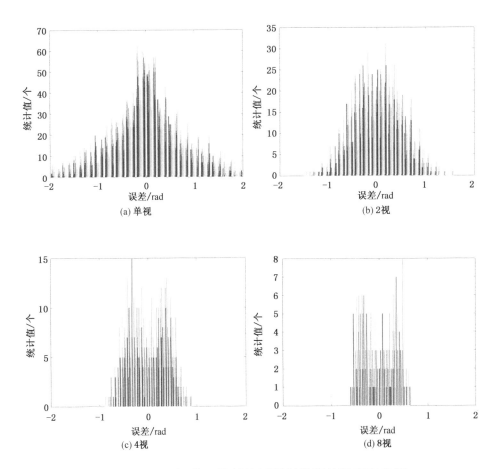

图 4-3 不同视数下简单地形模拟数据的噪声直方图

Figure 4-3 Histograms of noisy under different looks for simple terrain data

为了比较多视处理对 CKF 相位解缠方法结果的影响,采用统一的解缠策略:解缠函数模型采用 CKF 相位解缠模型,引导路径跟踪的质量图指标采用应用比较广泛的相位导数方差(Phase Difference Variance,PDV),相位梯度估计采用极大似然频率估计方法。

图 4-4 给出了不同视数下的解缠结果(解缠相位图和其反缠绕图)。可以看出,单视的解缠结果非常差,出现了非常不连续的解缠相位,且反缠绕图中充满了大量偏离原干涉图的信息。这是由于原干涉图的信噪比比较低。当信噪比较低时,频率估计误差较大(详细分析请见本书第 3 章 3.3.3 小节的实验),进而导致状态估计误差累积。相比于单视,2 视的解缠结果有了很大改进,解缠相位图连续性较好,与图 4-2(a)相比,解缠相位反缠绕图不仅保持了

条纹细节信息,而且噪声也去掉很多。但还是可以看到明显的毛刺现象,说明解缠结果依然含一些噪声。4视处理结果给出了比较理想的解缠结果,无论从解缠相位图还是从其反缠绕图看,干涉图中的噪声大大减小,解缠相位图显示出相位连续噪声小的特点,与真实相位图最接近。然而当视数增加到8时,解缠结果又出现了大的偏差。这是因为经过8视多视处理后空间分辨率太低,梯度基本在左右,在进行频率估计时出现了偏差。具体原因是因为多视处理后实际有效长度(窗口覆盖图像范围)增加,有效长度包含的条纹频率不唯一,致使由功率谱密度谱估计出的条纹频率犯了以偏概全的错误,导致了相位梯度估计不准确。

由此可以看出,对于噪声比较大的干涉图,视数的选择对相位解缠结果的影响至关重要,在实际应用中需加以注意。

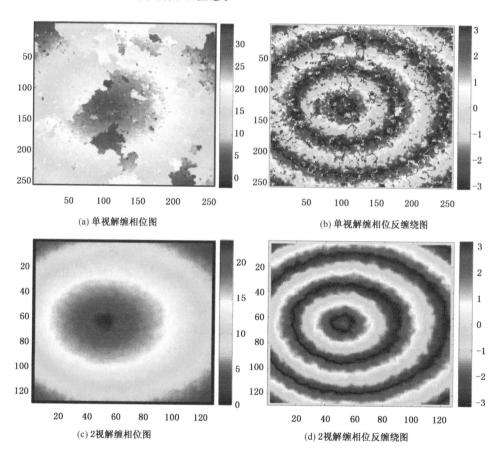

(a) 单视解缠相位图

(b) 单视解缠相位反缠绕图

(c) 2视解缠相位图

(d) 2视解缠相位反缠绕图

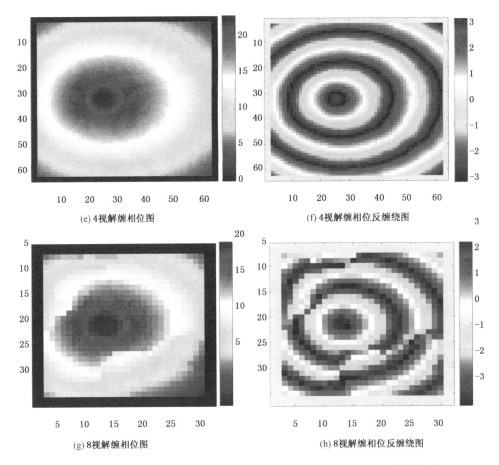

(e) 4视解缠相位图　　　　　　　　(f) 4视解缠相位反缠绕图

(g) 8视解缠相位图　　　　　　　　(h) 8视解缠相位反缠绕图

图 4-4　不同视数下简单地形模拟数据的解缠相位图及其反缠绕相位图

Figure 4-4　The unwrapped and rewrapped maps under different number of looks for simple terrain data

模拟数据二:复杂地形模拟数据。

图 4-5 给出了此组数据对应的无噪干涉图。这幅影像的干涉条纹较密集,几何失相干严重的区域噪声大。由于原始干涉图的条纹比较密集,只对比了单视、2视和 4 视的情况,其含噪干涉图及对应的伪相干系数图如图 4-6 所示。

由图 4-6 中的干涉图及对应的伪相干系数图可以看出,在地形陡坡处对应的干涉条纹非常密集,由于这些区域几何失相干比较严重,因此相干性较低。当视数增加到 2 时,条纹密集区已经出现了部分相位混叠现象。当视数增加到 4 时,条纹混叠现象已相当严重。

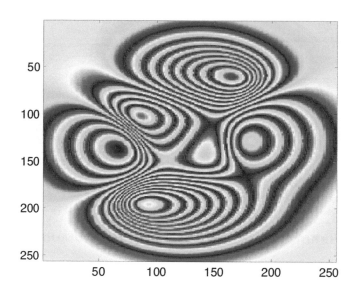

图 4-5　复杂地形模拟数据的无噪干涉图

Figure 4-5　The true interferogram of complex terrain data without noisy

　　采用和模拟数据一相同的相位解缠策略,对应的解缠结果如图 4-7 所示。可以看出,对于条纹比较密集的干涉图而言,多视很容易带来条纹的混叠现象,从而造成解缠精度的下降甚至失败。而单视干涉图则得到了相对较好的解缠结果:从解缠相位图上[见图 4-7(a)]来看,相位连续性较好,从解缠相位反缠绕图[见图 4-7(b)]来看,条纹无论从数量上还是形状上与真实干涉图相比都保持了较好的一致性。对比含噪声的干涉图,反缠绕图像表明,噪声在一定程度上也得到了有效的消除。然而与 2 视反缠绕图相比,从噪声的去除上来讲,不及 2 视好。另外,由于模拟的干涉图的信噪比相对比较高,梯度估计还比较准确,因此即使是对单视干涉图直接进行基于卡尔曼滤波的相位解缠,也能得到比较理想的结果。而 2 视处理后在条纹密集的区域发生了相位混叠现象,因此那些区域的解缠相位与真实值相比发生了较大的偏差。对于 4 视处理后的干涉图,相位混叠已比较严重,解缠结果几乎不能反映原仿真场景的地形相位。由此可以看出,多视虽然具有去噪、提高影像信噪比的优点,却也有降低空间分辨率使得密集条纹混叠的缺点。因此如何平衡这两方面,选择比较合适的视数,将会影响到后续的相位解缠的实际效果。

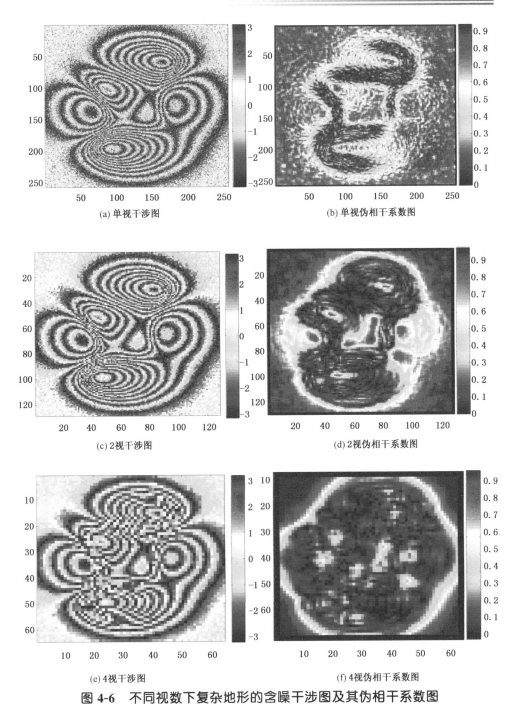

(a) 单视干涉图   (b) 单视伪相干系数图

(c) 2视干涉图   (d) 2视伪相干系数图

(e) 4视干涉图   (f) 4视伪相干系数图

图 4-6　不同视数下复杂地形的含噪干涉图及其伪相干系数图

Figure 4-6　Interferograms and pseudo coherence coefficient maps under
different number of looks for complex terrain data

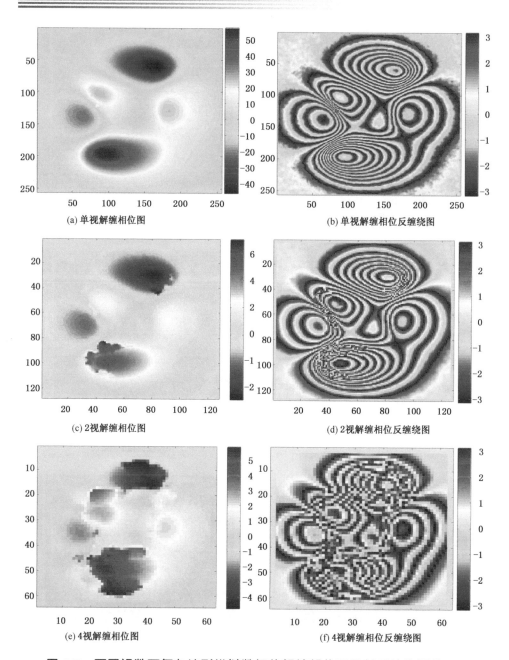

(a) 单视解缠相位图

(b) 单视解缠相位反缠绕图

(c) 2视解缠相位图

(d) 2视解缠相位反缠绕图

(e) 4视解缠相位图

(f) 4视解缠相位反缠绕图

图 4-7　不同视数下复杂地形模拟数据的解缠相位图及其反缠绕相位图

Figure 4-7　The unwrapped and rewrapped maps under
different number of looks for complex terrain data

由模拟数据一及模拟数据二可以看出,合理视数的选择不仅与干涉图的信噪比有关,而且还与条纹的密集程度有关。由于数据一条纹比较稀疏,噪声较大,因此视数可以取的比较大些。这样一方面可以有效地去除噪声,另一方面又不会引起相位的混叠。然而当视数大到一定程度时,又会由于空间分辨率与条纹频率变化的影响,造成梯度估计不准,从而影响解缠的精度。对于数据二,由于条纹比较密集,噪声相对较小,所以较小的视数取得了比较理想的解缠结果。虽然对于这两种特定的数据大致可以得出以上结论,但对于实际问题,干涉图往往呈现出非常复杂的情形。

下面将通过三组实测数据(实测数据 A、实测数据 B 及实测数据 C,见附录)来进一步验证视数对解缠结果的影响。解缠策略与模拟数据相同。

由于实测数据 A 获取周期内地面覆盖物比较稳定,时间失相干较轻且噪声较小,利用 Gamma 软件可以获得单视差分干涉图。而实测数据 B 及实测数据 C 由于失相干现象非常严重且噪声较大,难以获得单视差分干涉图。因而对实测数据 A 验证了单视、2 视及 4 视时的情形,而对实测数据 B 及实测数据 C 则只测试了 2 视及 4 视处理对卡尔曼滤波相位解缠结果的影响。

由不同视数下三组实测数据的干涉图和相干系数图(附图 8、附图 9 及附图 10)可以看出,随着视数的增加,斑点噪声越来越少,同时影像的细节信息也越来越模糊。当视数增加到 4 时,可以明显地看到有些条纹信息变模糊了,甚至发生了混叠现象,附图 8(c)尤其明显。这是因为这三组数据的形变区域均由采煤活动引起,实测数据 A 和实测数据 C 为采煤活跃期采集的数据,实测数据 B 为采煤工作面推进过后的数据,因而数据获取周期内的形变比较大,条纹比较密集。因此,当视数较大时,由于相邻像素的相位差大而发生相位混叠现象,影像中的细节信息也会由于空间分辨率的降低导致模糊化现象。从这三组实测数据可以看出,实际需要解缠的干涉图图像特点往往非常复杂,通常是几种特征的混合体。例如,有成片的高噪声区,也有成片的高相干区,还有高低噪声混合区。另外,条纹稀疏程度、形状等也各式各样。从噪声的分布来看,实测数据 A 整体相干性较高;实测数据 B 大致分成了两部分,右上方区域整体相干性较高,左下方区域整体相干性较低;实测数据 C 右上角区域相干性整体较低。由实际调研得知,成片的低质量区域主要是植被覆盖区,且由于时间失相干比较严重,这些区域的相干性较差、噪声较大。从条纹的疏密程度看,实测数据 A 和实测数据 C 形变区中心区域条纹相当密集,2 视干涉图都显示出了不同程度的条纹混叠现象,这是由于采煤活动期工作面中心区域下沉量较大造成的。由于实测数据 B 获取期间,工作面下沉相对较缓,因而条纹几乎没有混叠。另外可以看出,实测数据 B 形变区左下方,虽然条纹没有发生混叠,但条纹极不清晰,这是因为噪声太大的缘故。由此可以看出,实际的干涉图往往非常复杂,很难模拟出符合实际的干涉图。

(1) 实测数据 A 解缠结果分析

图 4-8 给出了三种视数下数据 A 的解缠相位图及解缠相位反缠绕图。与数据 A 的干涉图对比可以看出,所有的解缠相位反缠绕图都具有一共同的特点——噪声被消除。然而,不同视数下解缠结果也具有鲜明的个体特征。对于单视解缠结果,解缠相位图出现了很多不连续区域,不能反映形变区真实的形变情况,并且从反解缠图可以看出,依然包含大量的噪声,条纹恢复得不够清晰。这是因为单视干涉图包含的噪声比较大,尤其斑点噪声影响较大,从而使得梯度估计不准,进而导致解缠相位估计的不准确。对于 2 视解缠结果,解缠相位图比较连续,重缠绕图也显示出比较清晰的条纹且噪声大部分被去除掉,另外除了形变区左侧存在一个不连续区域外,其他区域基本可以正确反映研究区的形变状况。根据现场资料并结合相干图可知,左边的不连续区域是解缠路径穿过形变区左侧低质量带(陡坡形成)时,由于误差累积造成的。对于 4 视解缠结果,可以看出形变区外的区域与实际符合得更好,然而形变区的解缠结果与 2 视相比,探测出的最大下沉量小很多且形变图不符合中心下沉量大的事实。这一方面说明多视对噪声的去除起着明显的作用,另一方面也说明多视常常会扭曲或平滑掉细节信息,使得解缠结果不能正确反映实际情况。总之,对比三种视数的解缠结果,2 视的解缠相位图得到的最大下沉量最大并且形变区基本符合从边缘到中心下沉量逐渐增大的趋势,解缠相位反缠绕图条纹最清晰,4 视的非形变区与实际最符合。根据搜集的采矿资料可知,此工作面在数据获取周期内为采煤活动工作面,工作面的最大下沉量可达到 20~30 cm(视线向 80~100 弧度)。然而,由常用的四种相位解缠方法得到的结果往往远远小于实际的下沉量。虽然由于下沉量过大引起的条纹混叠是解缠不能成功进行的重要原因,但常用方法在解缠之前的预滤波步骤对解缠结果的影响也不容忽视。预滤波通常会大大损失密集条纹的细节信息,造成条纹的丢失或扭曲,进而使得解缠能力降低。由于形变图没有一个可靠的参考结果来作对比,所以认为解缠出的最大下沉量越大且形变区从外到内的下沉量呈增加趋势的解缠结果较符合实际情况。另外解缠相位反缠绕图和原干涉图的对比结果也可以作为评价解缠好坏的一项指标。若反缠绕图条纹清晰且条纹数和形状保持得较好,噪声也较少,就说明对应的参数设置较恰当。综合来看,2 视处理后的卡尔曼滤波相位解缠取得了比较满意的解缠结果。

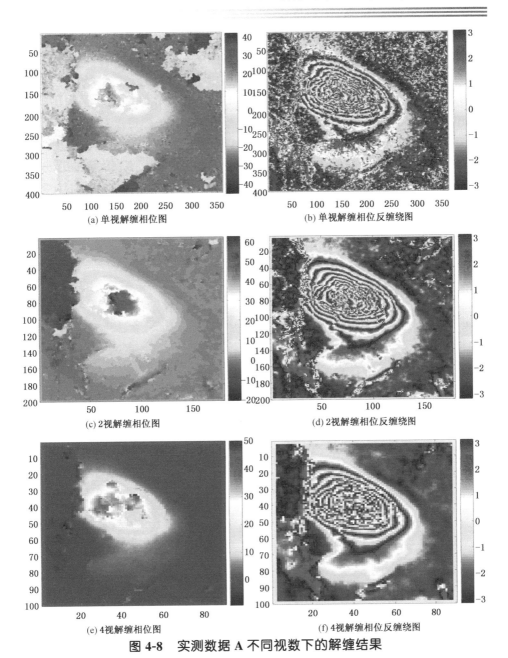

(a) 单视解缠相位图

(b) 单视解缠相位反缠绕图

(c) 2视解缠相位图

(d) 2视解缠相位反缠绕图

(e) 4视解缠相位图

(f) 4视解缠相位反缠绕图

图 4-8 实测数据 A 不同视数下的解缠结果

Figure 4-8 The unwrapped and rewrapped maps under different number of multi-looks for real data A

（2）实测数据 B 解缠结果分析

实测数据 B 的解缠结果如图 4-9 所示。从 2 视的解缠结果图来看,右上部分得到了较可靠的解缠结果,而左下部分与实际相比发生了较大的偏差。首先形变范围与干

涉图不符,其次非形变区的相位值也与实际不符(应该接近 0 相位)。结合附图 9(a)
的 2 视相干系数图可知,左下方的解缠失败是由于左下方区域的相位质量差造成的。
对于 4 视解缠结果可以看出,除了条纹混叠非常严重的区域外,其余区域都得到了较
好的解缠结果。解缠相位图与干涉图的形变区吻合得较好,非形变区的相位基本在
0 相位附近。但从解缠相位反缠绕图与原干涉图的对比依然可以看出,有些条纹的
细节信息被扭曲了。综合来看,此组数据的 4 视解缠结果比较理想。这是因为与数
据 A 相比,此组数据的噪声较大,尤其左下部区域的噪声较大,2 视去噪的力度不够。
至于 4 视解缠出的最大下沉量与 2 视相差不大,是因为此组数据的条纹不及数据 A
的密集,4 视对数据 B 条纹产生的混叠效应不及对数据 A 的大。这从模拟数据的对
比结果也可以看出,视数对模拟数据二条纹产生的影响比对模拟数据一的影响大。

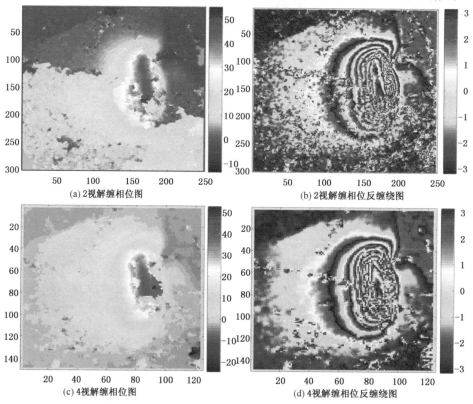

(a) 2视解缠相位图   (b) 2视解缠相位反缠绕图

(c) 4视解缠相位图   (d) 4视解缠相位反缠绕图

图 4-9   实测数据 B 不同视数下的解缠结果

**Figure 4-9   The unwrapped and rewrapped maps under different
numberof multi-looks for real data B**

(3)实测数据 C 解缠结果分析

实测数据 C 的解缠结果如图 4-10 所示。由 2 视解缠结果可以看出,解缠相位
图出现了数片不连续区(蓝色区域),结合附图 10 的 2 视相干系数图可以看出,右

上角区域的不连续主要是由相位质量低造成的。根据现场调研资料显示,这些区域地表主要被植被覆盖。至于形变区左侧的不连续区,原因和实测数据 A 相同,都是由于形变区左侧的低质量带引起的(解缠路径从低质量带进入到高质量区,造成误差累积传播)。除这些明显的不连续区以外,其他区域都得到了比较理想的解缠结果,尤其形变区基本符合沉降规律且相位比较连续。对于 4 视解缠结果,解缠相位图在形变区以外的区域同样得到了比 2 视好的解缠结果,但形变区的解缠相位不及 2 视的好(主要体现在相位的连续性上)。另外,从 4 视的解缠相位反缠绕图也可以看出,4 视去掉了大量的噪声,但细节信息平滑掉很多,首先条纹形状发生了改变,其次混叠的条纹数也减少了,形变区中心条纹发生了较大的改变。从此组数据可以看出,很难笼统地得出 2 视解缠效果好还是 4 视解缠效果好的结论,各有优缺点。这与此组数据的条纹密集、噪声高特点有关。一方面大梯度偏好较低的视数,另一方面大噪声又偏好较高的视数,因此如何平衡这两方面使得大梯度高噪声的干涉相位图得到较满意的解缠结果,是需要十分关心的问题。

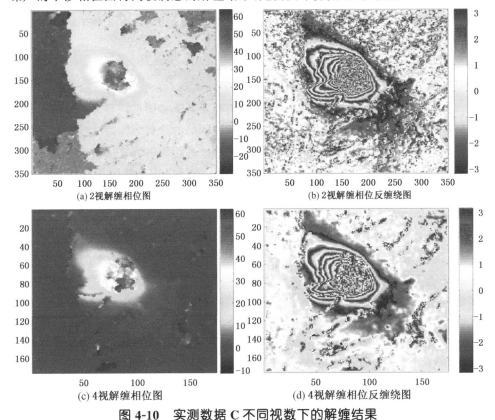

(a) 2 视解缠相位图　　　　　　　　(b) 2 视解缠相位反缠绕图

(c) 4 视解缠相位图　　　　　　　　(d) 4 视解缠相位反缠绕图

图 4-10　实测数据 C 不同视数下的解缠结果

**Figure 4-10　The unwrapped and rewrapped maps under
different numberof multi-looks for real data C**

4.1.3 结论

综合两组模拟数据和三组实测数据的解缠结果可以看出,在研究区干涉图的干涉条纹较密集且相位质量整体较高的情形下,尽量选择较小的视数,以保证条纹的完整性,进而取得比较可靠的解缠结果。在研究区干涉图的条纹较稀疏且相位质量比较低的情形下,可选择较大的视数,但为保证空间分辨率,并不是视数越大越好。然而对于实测数据通常存在这样的干涉条纹,条纹相当密集,同时噪声又比较大,对于这样的干涉图,若视数取得大时,条纹信息容易丢失,若视数取得小时,噪声又不能有效去除,解缠结果不连续性大。对于这样的情形,显示出:视数相对较小时,形变区解缠结果较满意;视数相对较大时,非形变区解缠结果较平滑,基本在 0 相位附近。也就是说,视数在平滑非形变区相位上起着非常重要的作用。多视的目的就是去除斑点噪声,实质上也是一种去噪方法,只不过去噪的方式是在降低空间分辨率的基础上实施的,而且空间分辨率直接降低为视数的倒数。那么倘若存在一种既可以保持空间分辨率或基本不损失空间分辨率且又可以去除噪声的滤波方法,在解缠之前实施这种方法,那么这些条纹密集、噪声大的干涉图就可以取得较满意的解缠结果。

4.2 预滤波技术对解缠结果的影响

在执行无滤波功能的相位解缠算法之前需要对干涉图进行预滤波处理。而基于卡尔曼滤波的相位解缠算法能在相位解缠的同时滤除部分噪声达到相位解缠和滤波同时进行的目的,因此,多数基于卡尔曼滤波的相位解缠算法没有进行预滤波处理[50,161]。文献[52]把干涉图小窗口预滤波算法与 UKF 解缠算法结合起来提出一种结合滤波算法的相位解缠方法。该方法根据干涉图信噪比情况进行适当预滤波以抑制干涉相位噪声,进而可较为精确地从复干涉图中提取相位梯度及其估计误差方差等信息,从而有效避免干涉图相位残差点导致的相位梯度估计欠准问题。预滤波技术在对图像的信噪比提高方面起着非常重要的作用,然而,预滤波也容易导致细节信息丢失、条纹信息发生扭曲等现象。不过,由于基于卡尔曼模型的相位解缠方法本身有一定的噪声抑制能力,所以不必像传统相位解缠方法一样,需在相位解缠之前尽可能完全消除干涉相位噪声,而是尽量寻求一种细节保持较好同时使干涉图条纹大致清晰的滤波方法。本节着重分析预滤波策略对基于卡尔曼滤波的相位解缠方法的影响,尤其是对那些条纹密集、噪声大的干涉图的解缠结果的影响。因此,以下只介绍本节所采用的预滤波方法——Goldstein 滤波[162]。

4.2.1 Goldstein 滤波

该方法是一种频域自适应滤波方法,首先对相互重叠的滑动窗口进行二维

FFT 变换，其次对 FFT 变换后得到的频谱函数进行平滑，对平滑后的频谱作 FFT 反变换(IFFT)，最后对 FFT 反变换结果取相位主值[162]。

Goldstein 滤波主要处理步骤如下：

(1) 在一定大小的滑动窗口中对复干涉图结果 $Z(m,n)$ 进行快速 FFT 变换，得 $Z(u,v)$；

(2) $\tilde{Z}(u,v) = \{S[|Z(u,v)|]\}^\rho \cdot Z(u,v)$，$\tilde{Z}(u,v)$ 为平滑之后的频谱，$S[\cdot]$ 为平滑算子，ρ 为滤波参数(通常取 $\rho = 0.5$)，用来控制滤波强度；

(3) 对 $\tilde{Z}(u,v)$ 作 IFFT 变换，得 $\tilde{Z}(m,n)$；

(4) 对 $\tilde{Z}(m,n)$ 取相位主值，即可得到滤波后的干涉相位。

4.2.2　实验分析

本实验主要验证 Goldstein 预滤波对 CKF 相位解缠算法的影响，由于基于卡尔曼模型的相位解缠方法本身有一定的噪声抑制能力，因此滤波阈值设置得均较小。

Gamma 软件中自适应滤波(Goldstein 滤波)默认阈值为 0.25，以下三组实验结果的滤波阈值都小于此值。图 4-11 为实测数据 A 单视情形下预滤波阈值分别为 0.01、0.08、0.1 及 0.2 时的解缠结果；图 4-12 与图 4-13 分别为实测数据 B 和实测数据 C 在 2 视处理后滤波阈值分别为 0.005、0.008、0.01 及 0.2 时的解缠结果。

由图 4-11 可以看出，自适应滤波阈值为 0.01、0.08、0.1 时的解缠结果相差不大，无论形变区还是非形变区都得到了比较满意的结果。非形变区整体连续性较好且相位值基本分布在 0 相位附近。对于形变区无论是从最大下沉量还是整体连续性来讲都比较相近且与实际下沉规律相近。然而，当滤波阈值增加到 0.2 时，解缠结果出现了比较大的变化，最大下沉值小了很多。这说明当阈值设置为远小于无滤波功能解缠方法所需的预滤波阈值时，此解缠方法对阈值不敏感并且解缠结果较可靠，然而当滤波阈值增加到和无滤波功能解缠方法要求的预滤波阈值相差不大时，预滤波技术降低了 CKF 相位解缠的能力。对比无滤波单视解缠结果图[见图 4-8(a)、(b)]可以看出，滤波后再进行解缠的结果要比前者好得多。与 2 视解缠结果[见图 4-8(c)、(d)]相比，从解缠相位图来看，轻微滤波解缠后的沉陷区解缠效果差别不大，都可以大致反映工作面的沉降情况，非沉陷区解缠效果要好于 2 视无预滤波情形；从反解缠图来看，单视轻微预滤波的要比 2 视无滤波的保持的细节信息多，这可以从条纹的光滑程度和非形变区红色斑点信息看出。与 4 视结果[见图 4-8(e)、(f)]相比，非沉陷区达到了与 4 视相当的效果，但轻微滤波解缠的沉陷区要比 4 视无预滤波好得多。综合以上分析可以得出：预滤波技术在平滑相位噪声方面起着非常显著的作用,即使非常轻微的滤波都可以使非形变区取得非常可靠的解缠结果;轻微预滤波单视解缠结果在形变区取得了和 2 视无滤波情形相当的解缠结果,在非形变区优于后者,因而整体上优于 2 视无滤波情形;较大的滤波程度会损失掉较多的条纹信息,从而影响相位解缠的能力;由于当阈值远小于无滤波功能相位解缠方法所要求的阈值时,CKF 解缠方法对阈值不敏感,因此不必纠结阈值的确切取值。此外,由于多视处理和 Goldstein 滤波均能达到预滤波的目的,从此数据的处理结果看,Goldstein 滤波的效果要优于多视处理。也就是说,在实际应用中,如果噪声水平允许得到单视数据的干涉图,对其进行轻微的自适应滤波后即可执行 CKF 相位解缠,而无须进行多视处理。

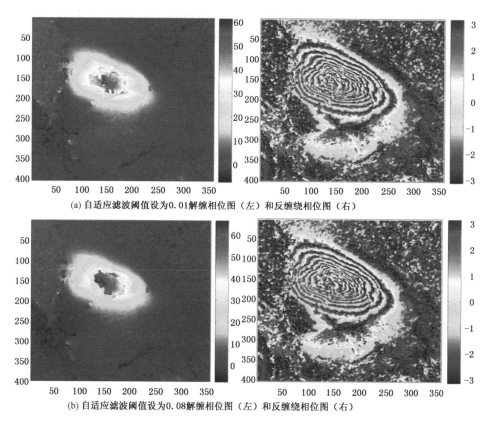

(a) 自适应滤波阈值设为0.01解缠相位图(左)和反缠绕相位图(右)

(b) 自适应滤波阈值设为0.08解缠相位图(左)和反缠绕相位图(右)

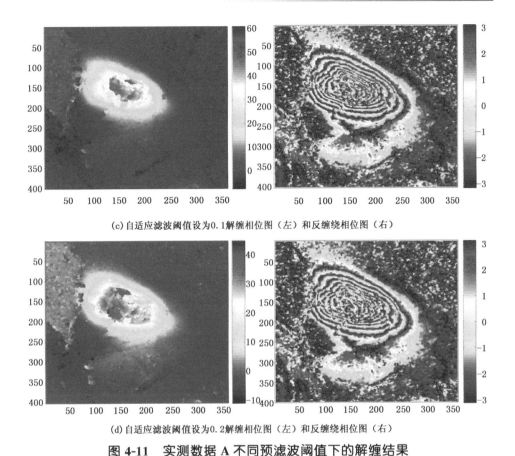

(c) 自适应滤波阈值设为0.1解缠相位图（左）和反缠绕相位图（右）

(d) 自适应滤波阈值设为0.2解缠相位图（左）和反缠绕相位图（右）

图 4-11　实测数据 A 不同预滤波阈值下的解缠结果

Figure 4-11　The unwrapped maps（left）and rewrapped maps（right）
under different pre-filteredthresholds for real data A

由图 4-12 可以看出,对于数据 B,前三种阈值取得的解缠结果几乎完全一样,当阈值取 0.2 时解缠结果发生了较大的改变。形变区内部出现了严重的不连续现象,即使在相位质量较好的右上方区域也出现了相位空洞现象。这说明较大的滤波程度导致了解缠相位的不连续性,使得解缠相位可靠性降低。这是因为滤波虽然可以恢复出较真的信号,提高信号的信噪比,但也会导致有用的细节信息被滤除。将 2 视微滤波解缠结果与 2 视无预滤波解缠结果[见图 4-9(a)、(b)]、4 视无预滤波解缠结果[见图 4-9(c)、(d)]作对比,可以看出:2 视微滤波解缠结果优于 2 视无滤波解缠结果,尤其表现在图像的左下部相位质量低的区域;2 视微滤波解缠结果与 4 视无预滤波解缠结果基本相当,但前者在形变区域的解缠相位较后者连续性稍好,后者在形变区内左上方有一块明显的不连续区。对比两者的重缠绕图可以看出,4 视重缠绕图在解缠不连续的区域条纹较混乱。实验结果再次说明了多视处理容易导致条纹信息的扭曲和混叠。综合比较,对于本组数据,2视处理后结合微滤波解缠效果较好。

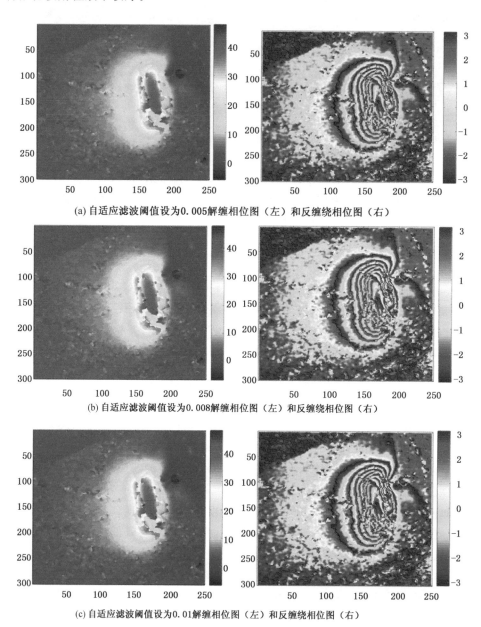

(a) 自适应滤波阈值设为0.005解缠相位图（左）和反缠绕相位图（右）

(b) 自适应滤波阈值设为0.008解缠相位图（左）和反缠绕相位图（右）

(c) 自适应滤波阈值设为0.01解缠相位图（左）和反缠绕相位图（右）

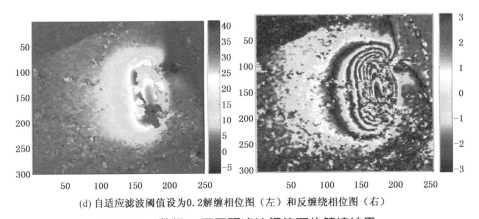

(d) 自适应滤波阈值设为 0.2 解缠相位图（左）和反缠绕相位图（右）

图 4-12 数据 B 不同预滤波阈值下的解缠结果

Figure 4-12 The unwrapped maps（left）and rewrapped maps（right）under different pre-filteredthresholds for real data B

图 4-13 给出了数据 C 不同阈值自适应滤波后的相位解缠结果。可以看出，前三种阈值得出的解缠结果效果相差不大，第四种阈值结果与前三者相比有了比较大的改变。但与前两组数据不同的是，图 4-13 的四组实验结果在形变中心区都表现出极大的不连续性，这与实验数据 C 条纹密且噪声高的特点有关，而这种类型是相位解缠最难处理的特点类型。与前两组数据相比，很明显形变区中心的条纹相当密集，因而即使是轻微的滤波也会导致条纹的混叠现象发生，因此除了 2 视无预滤波的解缠方式在形变区取得了比较满意的解缠结果外，其余方式的解缠结果都与实际沉降量相差甚远。然而 2 视无预滤波在形变区域外部取得了较糟糕的结果，这是噪声太大造成的。对于这种情况，可以参考两种解缠结果来获取对研究区形变信息的认识。一方面根据 2 视无预滤波解缠结果来获取形变区的形变信息，另一方面，由滤波解缠结果来获取非形变区的信息。

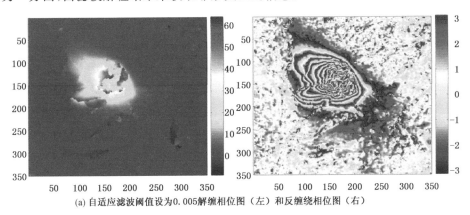

(a) 自适应滤波阈值设为 0.005 解缠相位图（左）和反缠绕相位图（右）

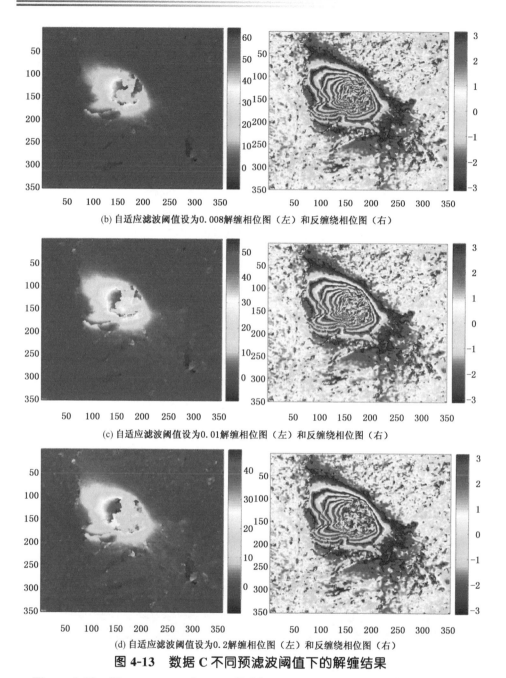

(b) 自适应**滤波**阈值设为0.008解缠相位图（左）和反缠绕相位图（右）

(c) 自适应**滤波**阈值设为0.01解缠相位图（左）和反缠绕相位图（右）

(d) 自适应滤波阈值设为0.2解缠相位图（左）和反缠绕相位图（右）

图 4-13　数据 C 不同预滤波阈值下的解缠结果

**Figure 4-13　The unwrapped maps（left）and rewrapped maps（right）under
different pre-filteredthresholds for real data C**

4.2.3　结论

综合三组实测数据的预滤波解缠实验结果,可以得出:预滤波技术在平滑相位噪声方面起着非常显著的作用,即使非常轻微的滤波都可以使非形变区取得非常可靠的解缠结果;较大的滤波程度会损失掉较多的条纹信息,从而影响相位解缠的能力;CKF 相位解缠方法对预滤波的程度要求不高,只要轻微抑制噪声即可得到较满意的结果。CKF 相位解缠方法对远小于经典方法所要求的预滤波阈值的数值不敏感,因此不必纠结阈值的确切取值。另外,由于实测数据的复杂性,很难精确地得出任一幅干涉图适合的视数大小。而由于 CKF 相位解缠方法本身具有去噪功能,从而使结合微滤波技术的 CKF 相位解缠方法可在一定程度上降低选择合适视数的难度。

4.3　小结

基于 CKF 的相位解缠方法在相位展开的同时具有去噪的功能,然而,对于信噪比极低的干涉图,直接进行相位解缠往往得不到理想的解缠结果。基于此,本章研究了多视和预滤波对基于 CKF 的相位解缠方法的影响,指出适当的多视处理和预滤波均能有效抑制干涉图的斑点噪声,提高干涉图的信噪比,能有效提高 CKF 相位解缠算法的解缠效果;但多视处理和预滤波不可避免地会滤除部分相位细节信息,对于地形起伏变化较大或形变发生较快的地区需谨慎行使。由于 CKF 相位解缠方法本身具有去噪能力,因此对这些研究区可采用尽量小的视数。轻微的预滤波技术取得既保留条纹细节信息又可有效去除斑点噪声的效果,而不必像常用的经典算法那样通常陷入噪声的滤除程度与细节的保留多少的矛盾之中。实验证明,对于此种类型的研究区,采用可以成功形成干涉图的视数,以及采用远小于传统解缠方法要求的预滤波阈值即可。另外,实验还表明:阈值在较小的范围内变化时对解缠结果影响较小,因此不必纠结于阈值具体数值的选取。这个结论可推广到其他基于 Kalman 滤波的相位解缠方法中去。

5 质量引导函数对 CKF 相位解缠结果的影响

从卡尔曼滤波相位解缠的状态空间模型可以看出,从当前像元到下一像元的相位值预测是沿着某一特定的路径,而路径的选择与传统的质量图相位解缠方法往往基于某一质量指标,因此质量指标的选择对 CKF 相位解缠方法的解缠效果十分重要[49]。如图 5-1,从像素 A 到像素 B,假设有三条解缠路径,路径①②被噪声污染,路径③相位质量较好。显然选择路径③作为由 A 到 B 的解缠路径比较合适。这就需要找出一种质量指标可以引导相位解缠行为沿路径③进行。

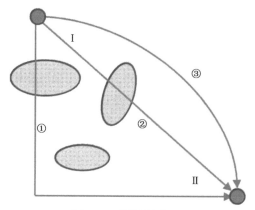

图 5-1　解缠路径图

Figure 5-1　Phase unwrapping path

一个好的质量指标通常可以避免或减少积分路径穿过残差点,从而取得较满意的解缠结果。因此许多学者就如何选择合适的质量指标开展了研究[163]。Ghiglia 和 Pritt 定义了四种传统的引导路径跟踪的质量指标,分别为:相干系数、伪相干系数、相位导数变化和最大相位梯度,并指出相干系数指标被认为是比较适合引导 InSAR 数据相位解缠路径跟踪的质量指标[62]。Osmanoglu 描述了六种质量指标并对其进行了比较分析,实验结果显示:Fisher 距离的性能优于相干系数、相位导数变化、结合枝切法的相位导数变化、二阶导数可靠度及线扫描指标等其他五种质量指标[81]。Liu Gang 提出一种基于灰度共生矩阵(GLCM)的熵差质量指标,并和伪相干系数、最大相位梯度及相位导数偏差指标作了比较,结果显示熵差质量图指标的性能在某些方面具有一定优势[84]。

本章将在深入分析几种常用的质量图指标特征的基础上,研究不同质量指标的适用条件。并考虑面向的实测数据特点,提出一种适合 CKF 相位解缠方法处理噪声分布复杂干涉图的质量指标。

5.1 常见的质量指标

5.1.1 相干系数（CC）

相干系数可以表征两幅干涉图中不同区域的相关性大小。对于大多数干涉图,相干性越大,图像质量越高。因此相干系数是最直接的也是较常用的衡量干涉图像质量的指标[62]。假设两幅 InSAR 图像分别可以表示为:

$$s_1 = c_1 + n_1$$
$$s_2 = c_2 + n_2$$

(5-1)

式中,c_1、c_2 为图像的信号部分,n_1、n_2 为图像的噪声部分。

对应的相干系数计算公式为[62]:

$$r = \frac{|E[s_1 \cdot s_2^*]|}{\sqrt{E[s_1 \cdot s_1^*]E[s_2 \cdot s_2^*]}}$$

$$= \frac{|E[c_1 \cdot c_2^* + c_1 \cdot n_2^* + n_1 \cdot c_2^* + n_1 \cdot n_2^*]|}{\sqrt{E[c_1 \cdot c_1^* + c_1 \cdot n_1^* + n_1 \cdot c_1^* + n_1 \cdot n_1^*]E[c_2 \cdot c_2^* + c_2 \cdot n_2^* + n_2 \cdot c_2^* + n_2 \cdot n_2^*]}}$$

(5-2)

在表达式中不同信号的能量值通常被看作是近似相等的,即:

$$|c_1|^2 \approx |c_2|^2 = |c|^2$$

(5-3)

同时,有 s_1、s_2 与 n_1、n_2 以及 n_1 与 n_2 之间都是不相干的,并且有:

$$E[n_1] = E[n_2] = E[n]$$

(5-4)

所以根据式(5-3)和式(5-4)可以将式(5-2)化简为:

$$r \approx \frac{|E[c \cdot c^*]|}{E[c \cdot c^* + n \cdot n^*]} = \frac{|c|^2}{|c|^2 + |n|^2}$$

(5-5)

由信噪比定义:

$$\text{SNR} = \frac{|c|^2}{|n|^2}$$

(5-6)

可以得出:

$$\text{SNR} = \frac{r}{1-r}$$

(5-7)

由式(5-5)和式(5-7)可以看出,如果两幅图像的相干系数较大,那么表明该区域所受到的干扰就相对较小,干涉图的可靠性就越高。

5.1.2　伪相干系数(P-CC)

在实际的应用中,可能会出现只有一幅SAR图像的情况,对仅有的一幅图像提取相应的质量指标在一定程度上可反映图像的质量。伪相干系数就是针对一幅SAR影像的质量指标,计算公式如下:

$$z_{m,n} = \frac{\sqrt{\left(\sum \cos\psi_{i,j}\right)^2 + \left(\sum \sin\psi_{i,j}\right)^2}}{k^2} \tag{5-8}$$

在式中,$z_{m,n}$的值是通过以坐标位置为(m,n)的像元为中心,以k为直径的搜索框中的缠绕相位数据确定的。与相干系数类似,其值越大,认为该$k \times k$范围内的干涉相位质量就越好。伪相干系数能够较好地反映SAR影像的质量,但对地形变化较大的区域进行成像时,用伪相干系数衡量干涉相位图的质量可靠性较差。

5.1.3　相位导数变化(PDV)

相位导数变化(PDV)也可以衡量相位质量的好坏。对于二维数据,某像元的PDV值计算如下[62]:

$$PDV_k = \sum \left(\Delta_{i,j}^x - \bar{\Delta}_{m,n}^x\right)^2 + \sum \left(\Delta_{i,j}^y - \bar{\Delta}_{m,n}^y\right)^2 \tag{5-9}$$

其中$\Delta_{i,j}^x = \left[\varphi_{i+1,j} - \varphi_{i,j}\right]_{|2\pi}$,$\Delta_{i,j}^y = \left[\varphi_{i,j+1} - \varphi_{i,j}\right]_{|2\pi}$为缠绕相位两个方向上的梯度;$\varphi_{i,j}$为干涉图的缠绕相位值;$\bar{\Delta}_{m,n}^x$和$\bar{\Delta}_{m,n}^y$分别为在$k \times k$窗口内$\bar{\Delta}_{i,j}^x$和$\bar{\Delta}_{i,j}^y$的平均值。由公式可以看出,利用相位导数法求取的质量指标,表征的是图像所受的干扰程度。换句话说,相位导数越大,说明该像元受到的干扰越大,可靠性就越差,亦即空间相似性越差。

5.1.4　最大相位梯度(MPG)

相位导数变化指标实际上计算的是相位梯度的方差,方差越大代表相位数据质量越差,而最大相位梯度指标通常可以间接衡量相位梯度的方差。一般来说,最大相位梯度越小,相位梯度方差也越小,因此可以用最大相位梯度来衡量相位数据质量。其数学表达式如下[62]:

$$\max\{|\bar{\Delta}_{i,j}^x|\} \cdots \max\{|\bar{\Delta}_{i,j}^y|\} \tag{5-10}$$

由于最大相位梯度法直接计算最大相位梯度,所以与相位导数变化指标相比,这种方法的计算量大大减少,但是此指标在某些情况下可靠性也相应降低,比如,对于地形陡峭而相干性较好的区域,通过计算相位梯度,会将其标识为低质量数据,但实际上只要不出现相位混叠现象,此区域应该被识别为高质量区,在这一点上与伪相干系数指标类似。

5.1.5 Fisher 距离(FD)

Fisher 距离(Fisher Distance,FD)为基于 Fisher 信息理论的相位相似性的测度[81]。在信息论中,Fisher 信息表征的是某特征指标的似然函数取对数后求导结果的方差。对于干涉图中的相位指标,其 Fisher 信息的数学表达式表示如下:

$$FI(\phi)=E\left\{\left[\frac{\partial}{\partial\phi}\log L(\phi;X)\right]^2\Big|\phi\right\} \tag{5-11}$$

其中,E 为期望运算,φ 为相位值,L 为 φ 的似然函数,亦即概率密度函数。

假设一定窗口内像元相位值概率密度函数满足高斯分布模型且相邻像元相位为独立观测值,则两相邻像元的 Fisher 信息表示如下:

$$I_{0,1}(\phi)=\frac{\angle^2(\phi_n\phi_0{}^*)}{2\sigma\phi_0^2}+\log\sqrt{2\pi\sigma\phi_0^2} \tag{5-12}$$

其中,$\angle(\phi_n\phi_0^*)$ 为相邻像元的复相位差,$\sigma_{\phi 0}$ 为相位的标准差,通常由相干系数计算获得[164],脚标 0 为当前像元,1 为相邻像元。由公式(5-12)看出,$I_{1,0}$ 和 $I_{0,1}$ 不相等,因此,两像元的 Fisher 距离定义为:

$$I_{|01|}=0.5(I_{1,0}+I_{0,1}) \tag{5-13}$$

Fisher 距离为基于 Fisher 信息的度量值,是基于 Fisher 信息理论的相位相似性的测度。作为引导相位解缠路径的质量指标,其表达式如下:

$$FD=\frac{1}{4N}\sum_{n=1}^{N}\left(\frac{\angle^2(\phi_n\phi_0{}^*)(\sigma_{\phi_0}^2+\sigma_{\phi_n}^2)}{\sigma_{\phi_0}^2\sigma_{\phi_n}^2}+\log(4\pi^2\sigma_{\phi_0}^2\sigma_{\phi_n}^2)\right) \tag{5-14}$$

其中,FD 为当前像元的 Fisher 距离值,与当前像元和与之相邻的像元的相位值有关。N 为相邻像元的个数。由公式(5-14)可以看出,FD 质量指标融合了相邻像元相位变化(空间位置)和相位标准差(时间上相干性)两种信息,因此它是一种比较全面而鲁棒的指导路径跟踪的质量指标。由于那些在空间上相似且本身为高相干点的像元应被判为高质量点,因而,某像元的 FD 值越小说明该像元的质量越高。由公式可以看出,当前像元的 FD 值为 8 对相邻像元的 Fisher 距离的平均值,如图 5-2 所示。

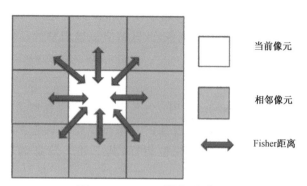

图 5-2　Fisher 距离示意图

Figure 5-2　Diagram of Fisher Distance Index

5.1.6　熵差（DOE）

Liu Gang 在文献[84]中提出了一种基于灰度共生矩阵的熵差质量图。假设有一幅行列的二维数字图像，灰度级别为 N_g。令 $X=\{1,2,3,\cdots,N_x\}$，$Y=\{1,2,3,\cdots,N_y\}$，$G=\{0,1,2,\cdots,N_g-1\}$，函数 $h:X\times Y\rightarrow G$。则在 θ 方向上灰度级别差为 d 的灰度共生矩阵为：

$$P=\begin{bmatrix} P(0,0,d,\theta) & P(0,1,d,\theta) & \cdots & P(0,N_{g-1},d,\theta) \\ P(1,0,d,\theta) & P(1,1,d,\theta) & \cdots & P(1,N_{g-1},d,\theta) \\ \vdots & \vdots & & \vdots \\ P(N_{g-1},0,d,\theta) & P(N_{g-1},1,d,\theta) & \cdots & P(N_{g-1},N_{g-1},d,\theta) \end{bmatrix} \tag{5-15}$$

其中 $P(i,j,d,\theta)=\#\{[(k,l),(m,n)]\in(N_x\times N_y)\times(N_x\times N_y)\mid f(k,l)=i,f(m,n)=j,d,\theta\}$ $\#\{X\}$ 表示集合 X 中元素个数。正规化后的灰度共生矩阵中元素 $p(i,j,d,\theta)$ 表示为：

$$p(i,j,d,\theta)=\frac{P(i,j,d,\theta)}{R} \tag{5-16}$$

R 为灰度共生矩阵 P 所有元素之和。则熵差表示为：

$$E=-\sum_{k=0}^{N_g-1}P_Y(k)\times\log[P_Y(k)] \tag{5-17}$$

其中，$P_Y(k)=\sum\limits_{i=1}^{N_g}\sum\limits_{j=1}^{N_g}p(i,j,d,\theta)$，$|i-j|=k$，$k=0,1,\cdots,N_g-1$。

对于干涉图，由于相位数据为模 2π 运算，当相位差大于 π 或小于 $-\pi$ 时，缠绕的相位将会有跳跃行为。为避免此现象，改进的质量指标表示为[84]：

$$P_Y(k)=\sum_{i=1}^{N_g}\sum_{j=1}^{N_g}p(i,j,d,\theta),\quad |W(\tilde{i}-\tilde{j})|=k,\quad k=0,1,\cdots,N_g-1$$

$$\tag{5-18}$$

W 为缠绕算子，$\tilde{i}, \tilde{j}$ 为原干涉相位。

综上可以看出，灰度共生矩阵反映的是图像在方向、间隔、变化幅度及快慢上的综合信息。

5.2　质量指标分析与比较

5.1 节中对常见的几种质量指标作了简单的介绍。其中，相干系数（CC）、伪相干系数（P-CC）、相位导数变化（PDV）及最大相位梯度（MPG）是几种较早被提出的比较经典的评价相位质量好坏的质量指标[62]。Fisher 距离（FD）和熵差（DOE）为近几年提出的两种评价相位质量的指标[81, 84]。由于实测数据的特殊性和复杂性，在数据处理过程中，通常面临着质量指标的选择问题。本小节首先将从理论上分析这六种质量指标的物理意义，尝试给出它们各自的特点及适用场合，并指出它们的区别与联系，然后采用模拟数据和实测数据验证理论分析的正确性。

5.2.1　理论分析

CC 和 P-CC：对于实测数据通常很容易得到 CC 值，它是综合多种失相干因素而得出的结果，表征的是两幅参与干涉的影像的相干性，与两幅影像的数据质量有关。通常情况下，反射能力强的地物对应的像元的 CC 值较高，例如建筑物、人工角反射器等。P-CC 通常用来计算一幅影像的质量。对于模拟的干涉图，通常用 P-CC 代替 CC 参与相关运算。计算 P-CC 是在一定窗口内进行且假定此窗口内的像元是独立同分布的（符合高斯分布）。因此当干涉图条纹复杂尤其条纹密集时，小窗口内各像元极易不满足同分布假设，P-CC 衡量相位质量的结果并不可靠。

PDV 是以当前像元为中心的一定窗口内的像元在水平方向和竖直方向上梯度方差大小的和。其本质上反映的是目标窗口内水平方向和竖直方向梯度数值的离散程度，是梯度的空间相似性好坏的评价指标。由于 PDV 强调的是相位导数的变化情况，只要导数变化情况一样，其值就一样，与导数本身大小无关，而并没有强调当前像元的特性，因此 PDV 质量图中相邻像元的质量区分比较缓和，整幅质量图表现比较一致。

MPG 是以当前像元为中心的一定窗口内的像元水平方向和竖直方向所有梯度的最大值作为评判相位质量的指标。和 PDV 一样，其研究对象也是一定窗口内像元水平方向和竖直方向的梯度。不同之处在于，MPG 的目的是找梯度的最大值，而 PDV 的目的是得出梯度的方差，因而 MPG 的计算量大大减小。另一个不同之处在于，MPG 与相位导数值大小有关。由此可以看出，MPG 认为梯度变化小的区域就是质量好的区域。因此，对于地形陡峭的区域，在计算相位梯度时，会将其标识为低质量数据，在这一点上与 P-CC 类似。

从公式可以看出，FD 综合考虑了当前像元的相位空间相似性和像元的相干性两个指标。一方面由于其包含有当前像元的相干性信息,因而与相位导数变化图比较,个体特征表现较明显。另一方面,由于其同时反映相位的空间变化情况,因而与相干性指标比较,在地物特性变化较快的区域,某些像元的质量会表现出与相干性不一致的质量结果。例如,在周围全是植被的角反射器所在位置,由于角反射器的强反射性、相干性好,基于相干系数判为高质量像元,但由于地物覆盖存在较大差异,相位的相似性较差,因而基于 FD 判为低质量像元,这更符合实际情况。

DOE 本质上反映的是在一定大小的窗口内灰度级别差的概率分布情况。概率分布越集中,说明灰度级别差越单一,代表质量越高。对于相位干涉图,DOE 反映的是一定窗口内相位梯度级别的概率分布情况。可以看出,相位的 DOE 实质上也是相位梯度变化情况的反映,这与 PDV 相似。一般情况下,梯度分布越相似,质量就越高,DOE 和 PDV 这两个指标得出的结论是一致的。值得注意的是,DOE 的结果与整幅图所分的级别密切相关,当级别分得较粗时,体现不出像元之间的差别,而当级别分得过细时,由于窗口的有限性(为保持像元的个体差异,窗口通常取 3×3 大小),会导致每个像元的梯度级别分布都过散,从而使得相位质量几乎没有高低之分。

综合以上各指标的特点,基本可以分为两大类:

(1)CC、MPG 及 FD 都反映了相位的变化对质量的贡献,相位变化不同,质量就不同。其本质上都是用相位的一阶导来描述相位质量,因此这三个质量指标对相位梯度都比较敏感。缺点是对于地形陡峭的区域,通过计算相位梯度,会将其标识为低质量数据。

(2)PDV 和 DOE 反映相位梯度的变化对质量的贡献,相位梯度变化不同,质量就不同,也就是说,当相位梯度变化相同时,其质量不变。其实质上都是用相位的二阶导来描述相位质量,因此这两个质量指标对相位的梯度不敏感。PDV 对梯度变化比较敏感,DOE 对梯度变化的敏感程度随分级级别数的增加而增加。

从另外一个角度来看,PDV、MPG 和 DOE 这三个指标是从空间相似性上来描述相位质量的,没有顾及相干性指标,这在某些情况下可能会影响质量的可靠性。例如,在一些同质地物覆盖区,即使相干性不太理想,但由于空间相似性高,这些指标通常表现出高质量结果,而实际上这些区域并没有高相干性区域像元表现出高质量的可靠性强。也就是说,这三个指标有可能会把一些空间上匀质但相干性不高的区域误判为高质量区。CC 可以很好地反映像元的个体特征,但作为引导路径跟踪的质量指标,由于其没有考虑当前像元与周围像元的空间关系,对于一些存在孤立高相干点的干涉图,容易造成解缠路径穿过低质量区去解缠那些高质量点然后再穿过低质量区去寻找次高质量点。而 FD 综合了相位的空间相似性和相干性两方面信息,是一种比较全面而鲁棒的引导路径跟踪的质量指标。

表 5-1 不同质量指标特点

Table 5-1 Characteristics for different quality indexes

质量指标	梯度	噪声	特点/缺点
CC(P-CC)	敏感	较敏感	易把陡峭高信噪比区误判为低质量区
PDV	不敏感	较敏感	易把空间相似性强但相干性低的区域识别为高质量区
MPG	敏感	敏感	易把陡峭高信噪比区误判为低质量区,同时也易把空间相似性强但相干性低的区域识别为高质量区
DOE	不敏感	非常敏感	易把空间相似性强但相干性低的区域识别为高质量区
FD	敏感	较敏感	综合了空间相似性和时间相干性,较鲁棒

5.2.2 实验验证

为了分析以上六种质量指标所具有的特点,本小节选择具有代表性的三组数据作为实验数据。即附录中的模拟数据二、模拟数据四及实测数据 A。模拟数据二干涉图条纹梯度变化复杂;噪声大小取决于梯度,梯度越大噪声也越大。模拟数据四梯度变化和噪声水平简单,更易于分析梯度和噪声对六种质量图指标的影响。实测数据 A 是地形及地物覆盖类型比较复杂的实际数据的代表。为公平比较各种质量图指标,P-CC、PDV、MPG 及 FD 的计算均采用 3×3 的窗口。为了搞清楚不同质量指标的适用性,并考虑到实际解缠问题的复杂性,本小节给出了模拟数据二、模拟数据三、实测数据 A 及实测数据 B 的六种质量指标下的解缠结果。实验均采用 CKF 解缠模型,解缠步骤中除了质量图不同外其余方法和策略均相同。DOE 给出了分级总数分别为 12 及 24 时的结果。

(1)质量图结果分析

模拟数据四、模拟数据二及实测数据 A 的六种质量图结果分别如图 5-3、图 5-4 及图 5-5 所示。可以看出,针对每幅干涉图,所有的质量图都表现出了大体一致的质量结果,同时不同质量指标的区别也比较明显。

图 5-3(a)、(b)和(c)都呈现出了梯度对这三种质量图的影响,说明 P-CC、MPG 和 FD 这三个质量指标对相位梯度都比较敏感。而图 5-3(d)、(e)在无噪声区除了梯度变化的分界线外其余区域的质量都一样,这说明 PDV 和 DOE 质量指标对梯度不敏感。对于梯度变化的分界线,图 5-3(d)和(f)对应的相位导数梯度和 24 级熵差都准确地探测到了,而 12 级熵差只探测到一条。这是因为 PDV 本身是一种相位导数变化衡量指标,只要相位梯度发生变化,PDV 就会随之变化。而 DOE 图的结果与分级总数有着很大的关系:当分级总数为 12 级时,不同梯度不能够完全分到不同的级别从而导致某些梯度的变化没有被探测到;而当分级总数增加到一定程度后,这些梯度变化被探测了出来。对于噪声,这几种方法都准确地探测了出来。而相较 P-CC、MPG 、PDV 和 FD,DOE 对噪声最敏感,尤其随着熵分级总数的增加,信噪比非常高的区域也有可能被判为非常低的质量区,如图 5-3(f)所示。

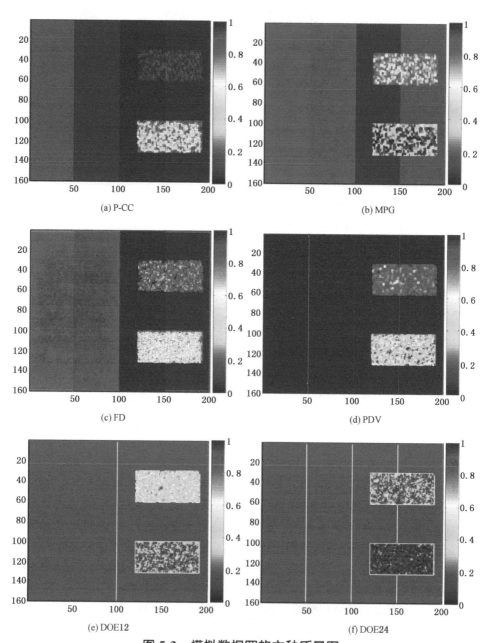

(a) P-CC

(b) MPG

(c) FD

(d) PDV

(e) DOE12

(f) DOE24

图 5-3　模拟数据四的六种质量图

Figure 5-3　Six kinds of quality maps for simulated data 4

图 5-4 给出了一复杂地形的模拟干涉图的六种质量图。可以看出：P-CC、MPG 及 FD 三种质量图的纹理比较相近，都在条纹比较密集的区域呈现出了低质量结果[见图 5-4(a)、(b)、(c)]；PDV 质量图的低质量区域比较小，主要分布在梯度

发生改变的区域；两幅 DOE 质量图的质量区分都不明显，尤其当分级总数变大时，所有像元质量几乎区分不出来并且都表现出低质量。这些现象说明：P-CC、MPG 及 FD 对梯度敏感，PDV 反映了梯度的变化而 DOE 对噪声非常敏感。

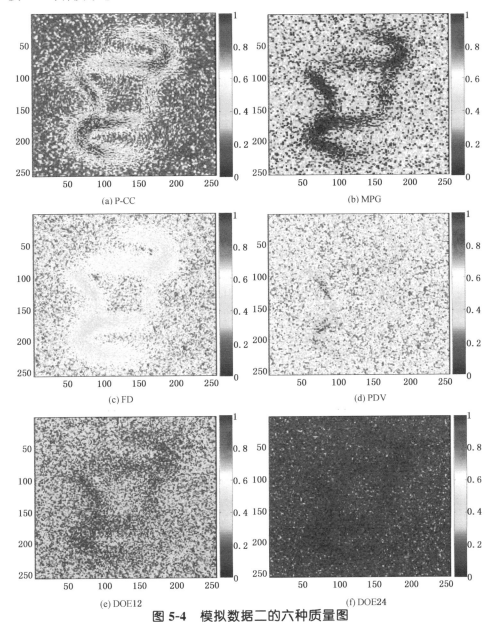

(a) P-CC

(b) MPG

(c) FD

(d) PDV

(e) DOE12

(f) DOE24

图 5-4　模拟数据二的六种质量图

Figure 5-4　Six kinds of quality maps for simulated data 2

　　无论是模拟数据四还是模拟数据二,都没有考虑实际的地物覆盖类型对数据质量的影响,地形也比较单一。对于实际的研究区,往往地形千奇百态(有沟壑、悬崖、平地、山坡等),地物覆盖复杂多变,数据获取或预处理也受各种因素的影响,因此获得的干涉图要比模拟的复杂得多。图5-5给出了实测数据A的六种质量图。对于CC,数值越大代表质量越高,而对于其余五种质量指标,数值越小代表质量越高。为了统一显示颜色与质量的关系,其余五种质量图显示的是1减去原质量图数值的结果。也就是说,颜色从蓝渐变到红,代表CC值从小到大,而PDV、MPG和DOE值从大到小。从颜色上来看,FD质量图整体偏红,而DOE整体偏蓝,其余三种质量图从蓝到红分布区分比较明显。这是因为由FD计算出的质量值集中分布在较低的数值区间,由DOE计算出的值集中分布在较高的数值区间,而CC、MPG及PDV值分布比较分散。从质量图的纹理形状来看,CC和FD质量图比较相似,质量高与低的界线比较分明,而MPG、PDV及DOE质量图纹理呈粒状,界线模糊。这是因为前两种质量图都包含了当前像元的信息,而后三种质量图每个像元呈现的是以当前像元为中心的一窗口内所有像元的整体信息,没有强调当前像元的特征,因此这些质量图容易忽略掉或平滑掉某些细节信息。例如,干涉图中A点为人工角反射器所在的位置,图5-5(a)及(c)显示出此位置与周围像元的质量明显不同,而(b)、(d)、(e)、(f)中没有突出。另外,虽然(a)及(c)都突出了此点,但表现出的质量结果却恰好相反,CC判为高质量点而FD判为低质量点。这是因为伪CC反映的是两幅影像的相干性,而较稳定的地物所在的像元往往具有较高的相干性,人工角反射器是比较好的永久散射体且在此干涉图中处于稳定区,因而CC质量图在A点表现出高质量结果。FD反映的是当前像元与周围像元相位的相似性,而此角反射器周围的地物类型和它相差较大,因而相位的相似性就很差,故FD值较大,表现为低质量点。总之,从此组实测数据来看,CC和FD指标对地物覆盖的个体特征较敏感,而PDV、MPG和DOE则不然,反映的是局部小窗口内像元的整体特征。

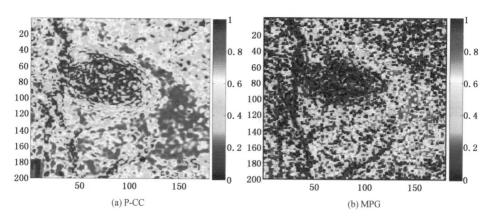

(a) P-CC　　　　　　　　　　　　　　(b) MPG

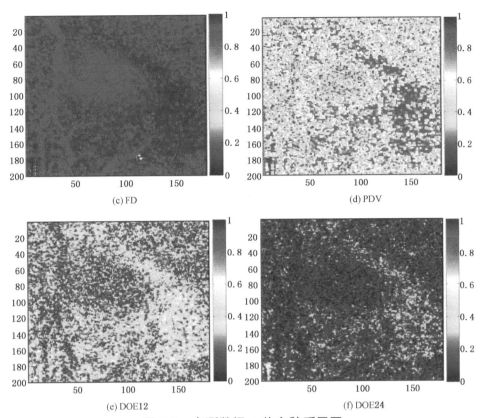

(c) FD

(d) PDV

(e) DOE12

(f) DOE24

图 5-5　实测数据 A 的六种质量图

Figure 5-5　Six kinds of quality maps for real data A

（2）相位解缠结果与分析

　　首先分析模拟数据的实验结果。对应六种质量指标,图 5-6 给出了模拟数据二在六种质量图引导下的解缠结果。每一幅子图里面均给出了某一种质量图指标对应的解缠结果图(左)、解缠误差图(中)和解缠误差的统计直方图(右)。其中的解缠误差图由解缠结果减去模拟的原相位真值求得。由图 5-6 可以看出,六种质量指标的解缠结果相似,且与真值[见附图 2(b)]相比也比较接近。

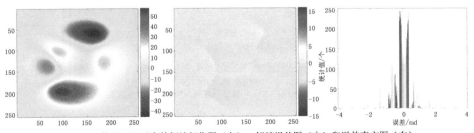

(a) 基于 P-CC 对应的解缠相位图（左）、解缠误差图（中）和误差直方图（右）

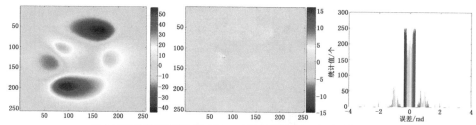

(b) MPG对应的解缠相位图（左）、解缠误差图（中）和误差直方图（右）

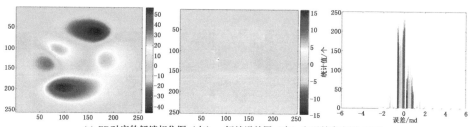

(c) FD对应的解缠相位图（左）、解缠误差图（中）和误差直方图（右）

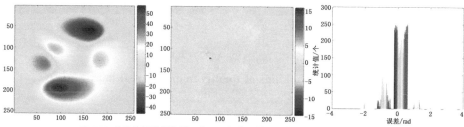

(d) PDV对应的解缠相位图（左）、解缠误差图（中）和误差直方图（右）

(e) DOE12对应的解缠相位图（左）、解缠误差图（中）和误差直方图（右）

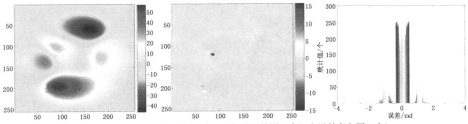

(f) DOE24对应的解缠相位图（左）、解缠误差图（中）和误差直方图（右）

图 5-6 模拟数据二的六种质量图对应的解缠结果

Figure 5-6 The unwrapped results based on six kinds of quatliy maps for simulated data 2

图 5-7 分别给出了模拟数据三在六种质量图引导下的解缠结果。与模拟数据二相比，模拟数据三的垂直基线更长，因此模拟的干涉图条纹更密集，相应地噪声也更大。可以看出，与模拟数据二的解缠结果相比，六种解缠结果都出现了更大的误差，同时六种解缠结果之间也存在较大的差异。CC 和 DOE24 引导的解缠结果出现了大面积的大误差区域。而其余四种解缠结果较理想，只是在条纹密集的区域（图的右上侧和左下侧）出现了不同程度的偏差。对右上侧区域，MPG 和 PDV 方法产生的误差无论从数值上还是从面积上都小于 FD 和 DOE12。对于左下侧区域，PDV 方法产生的误差面积最小，主要分布在条纹非常密集的区域。

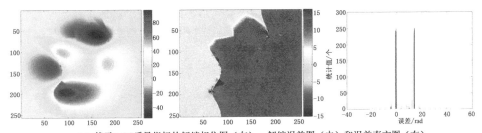

(a) 基于P-CC质量指标的解缠相位图（左）、解缠误差图（中）和误差直方图（右）

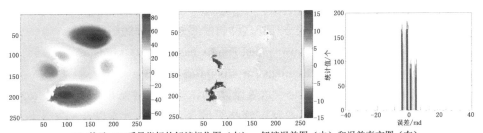

(b) 基于MPG质量指标的解缠相位图（左）、解缠误差图（中）和误差直方图（右）

89

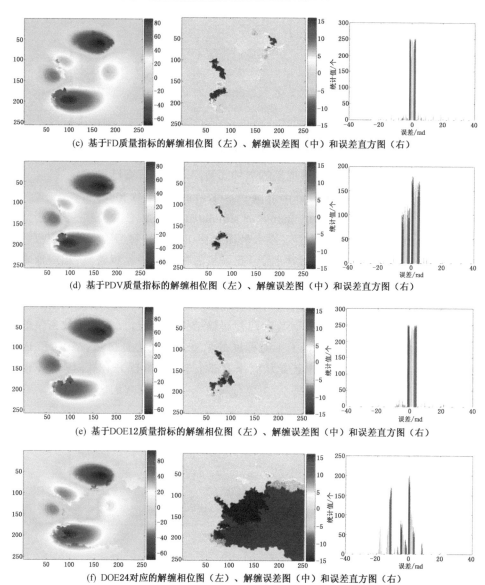

(c) 基于FD质量指标的解缠相位图（左）、解缠误差图（中）和误差直方图（右）

(d) 基于PDV质量指标的解缠相位图（左）、解缠误差图（中）和误差直方图（右）

(e) 基于DOE12质量指标的解缠相位图（左）、解缠误差图（中）和误差直方图（右）

(f) DOE24对应的解缠相位图（左）、解缠误差图（中）和误差直方图（右）

图 5-7　模拟数据三的六种质量图对应的解缠结果

Figure 5-7　The unwrapped results based on six kinds of quatliy maps for simulated data 3

　　为了定量分析六种质量图对卡尔曼滤波 CKF 相位解缠结果的影响，表 5-2 给出了模拟数据二和模拟数据三六种解缠结果的误差均值、方差以及 misfit 均值。misfit 为评定解缠结果好坏的一种量化指标，具体表达式如下[81]：

$$\chi^2 = \frac{1}{N} \times \sum_{k=0}^{N} \frac{\left[\hat{\phi}(k) - \phi(k)\right]^2}{\sigma^2(k)} \tag{5-19}$$

其中，$\hat{\phi}$ 为解缠相位，ϕ 为解缠相位先验值，N 为样本数，σ 为标准差。

对于模拟数据二这类的短基线数据，可以看出这六种方法都取得了比较理想的解缠结果，相对而言，伪 CC 和 DOE24 方法取得的结果误差较大，FD 最好。对于数据三这类基线稍长的数据（条纹更密集），伪 CC 和 DOE24 的结果较其余四种差很多，PDV 方法误差最小。因此从模拟数据上来看，无论是长基线还是短基线情况，伪 CC 和 DOE24 指标都不及其余四种指标。

表 5-2 模拟数据二、三的六种质量图相位解缠结果性能比较（单位：rad）

Table 5-2 Comparision of unwrapped results for simulated data 2 and 3 based on different quality indexes

		CC	MPG	FD	PDV	DOE12	DOE24
数	mean	−0.063	−0.001	−0.001	−0.003	−0.014	0.001
据	std	0.442	0.385	0.358	0.391	0.367	0.473
二	misfit	0.344	0.256	0.224	0.256	0.237 5	0.345
数	mean	7.976	0.079	0.424	0.023	0.098 2	−5.252
据	std	6.096	2.457	3.687	2.735	3.233	7.275
三	misfit	144.362 1	5.408 5	12.125 9	6.512 7	10.775 0	113.444 2

不同的质量图引导的相位解缠的结果不同，是由解缠的路径不同造成的，因此解缠路径图可以很好地解释不同质量图导致的解缠结果不同现象。由解缠路径图可以看出，干涉图中像元在特定算法下的解缠顺序，即哪些像元先被解缠，哪些像元被推迟解缠。比较好的质量指标应该是能够指导路径先解缠那些高质量的像元，可以避免较大的误差在较早时候出现，进而避免误差严重累积并且传递到质量高的区域。图 5-8 和图 5-9 分别给出了模拟数据二和模拟数据三在不同质量图引导下的解缠路径图。需要指出的是，模拟数据二与模拟数据三的解缠起始点分别为 (67,120) 和 (145,52)。

对于模拟数据二，可以看出 CC 和 PDV 大体上一致，都是先中间再右下角然后左侧最后条纹密集区，而其余四种中间区域都被解缠得较晚。虽然解缠路径不同，但解缠结果都比较满意，这是因为数据二的干涉图条纹比较稀疏，噪声相对较少，进而梯度估计比较准确，因此无论解缠路径如何，都不会造成解缠误差的累积传播现象。

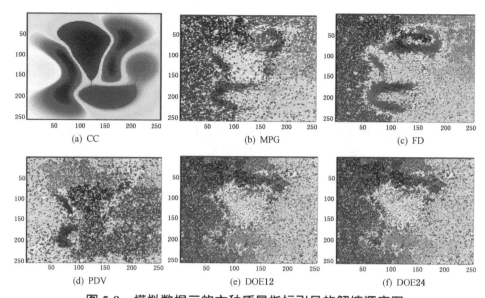

图 5-8　模拟数据二的六种质量指标引导的解缠顺序图

**Figure 5-8　The phase unwrapping orders of simulated
data 2 based on different quality maps**

对于模拟数据三,解缠结果有了较大差别,是因为解缠路径对其影响较大。对于 CC 引导的解缠结果,我们看到整幅图的右侧区域出现了大面积的误差,从 CC 引导的解缠路径图[见图5-9(a)]可以看出,解缠行为从左侧蓝色区域内一点开始实施,然后经过左上方的低质量区到达中心高质量区,接着再次穿过低质量区到达高质量区。从图上明显可以看出有三条穿过低质量区到高质量区的线。对照解缠误差图可以看出,误差图右侧的大面积误差区域恰好是解缠行为第一次穿过低质量区到达高质量边界以后解缠的像元所在位置,这是因为左侧的解缠行为遵循了质量从高到低的路径,而右侧出现了误差的累积传播效应。对于 DOE24 引导的解缠相位图,如图 5-7(f)所示,右下方大片的蓝色区域是由于 DOE24 引导的路径基本是从左向右的顺序,黑色所圈的区域很明显是从左向右穿过了低质量带状区域(对照相干图)。由于 DOE24 质量指标没有分辨出低质量带位置,因而就出现了直接穿过低质量带的路径。其他四种解缠的结果基本遵循了从高质量区到低质量区的解缠顺序,可以看出条纹密集且变化较快的区域的像元基本都在最后被解缠,因此解缠效果较好。

模拟数据虽然考虑了噪声和地形变化,但还是不能完全反映实际复杂的地物覆盖类型和地形起伏。我们又采用两组分别位于山西太原的西山某煤矿和内蒙古某矿区的实测数据验证不同质量图对 CKF 相位解缠结果的影响。

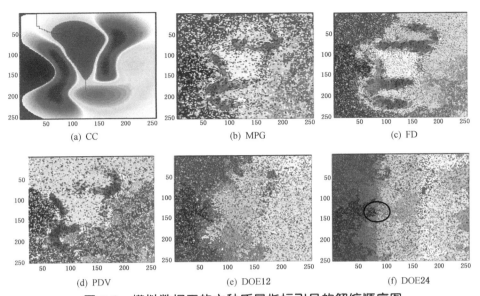

(a) CC (b) MPG (c) FD

(d) PDV (e) DOE12 (f) DOE24

图 5-9　模拟数据三的六种质量指标引导的解缠顺序图

Figure 5-9　The phase unwrapping orders of simulated data 3 based on different quality maps

图 5-10 给出了实测数据 A 在六种质量指标下的解缠结果。可以看出,六种解缠结果都较准确地监测到了地表形变区域,但 DOE 方法不但在非形变区出现了较大的偏离实际的解缠相位值,而且解缠相位连续性非常差。其余几种方法在非形变区的解缠相位基本符合实际情况。MPG 和 FD 方法在形变区的左上方出现了一处非常明显的不连续区域。而 CC 和 PDV 两种方法在形变区中心出现了较明显的不连续空洞。并且可以看出,CC 的解缠能力明显小于其余几种方法。

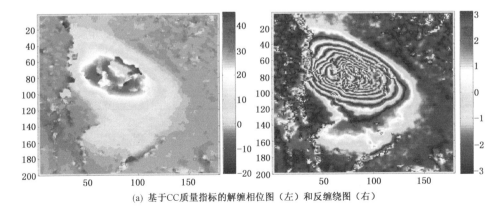

(a) 基于 CC 质量指标的解缠相位图（左）和反缠绕图（右）

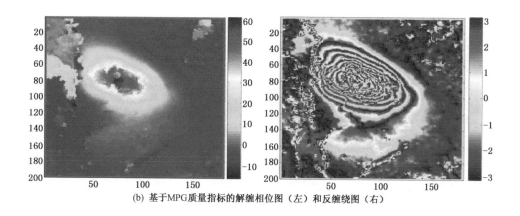

(b) 基于MPG质量指标的解缠相位图（左）和反缠绕图（右）

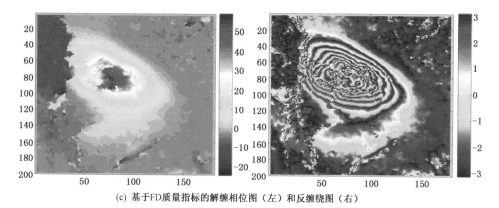

(c) 基于FD质量指标的解缠相位图（左）和反缠绕图（右）

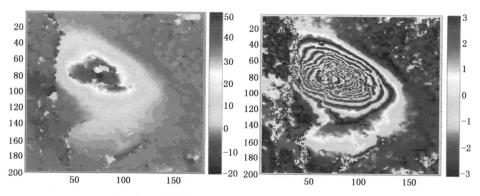

(d) 基于PDV质量指标的解缠相位图（左）和反缠绕图（右）

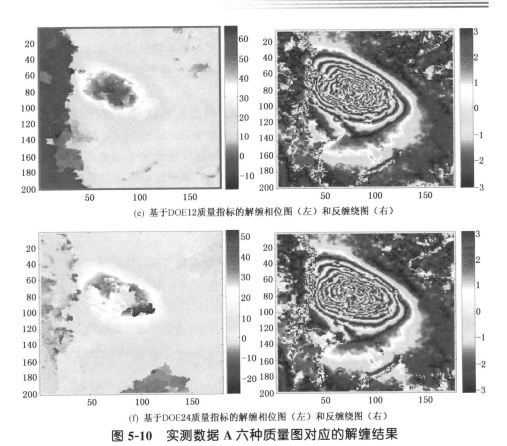

(e) 基于DOE12质量指标的解缠相位图（左）和反缠绕图（右）

(f) 基于DOE24质量指标的解缠相位图（左）和反缠绕图（右）

图 5-10　实测数据 A 六种质量图对应的解缠结果

Figure 5-10　The unwrapped resultsbased on different quality maps for realdata A

　　图 5-11 给出了六种质量图对应的解缠路径图。可以看出，CC、MPG、FD 和 PDV 的解缠路径大体上相似，基本上是先解缠形变区的下半部分，顺着形变区右侧向上再到形变区右上方，然后再解缠形变区左侧低质量条带的左侧区域，最后解缠低质量条带及形变区。从解缠结果与实际形变的吻合情况来看，这些路径基本合理，进而说明这些质量指标也基本合理。而 DOE 方法的路径与这四种相比有较大的差别。对比 CC、MPG、FD 和 PDV 的解缠路径，DOE 路径从黑色椭圆所圈的区域（解缠比较早的像元区域）就出现了明显不同的解缠顺序，因而 DOE 指导的解缠图像与 CC、MPG、FD 和 PDV 解缠图相比出现了比较大的偏差。这些都很好地解释了 CC、MPG、FD 和 PDV 方法的解缠结果比较相似且相对合理，而这两种DOE 方法的解缠结果不可靠的现象。

　　进一步仔细观察可发现，CC、MPG、FD 和 PDV 的路径也存在明显的不同之处。在 CC 和 PDV 路径图中，处于形变区左下方的黑色矩形框所圈的区域的一些像元为蓝色，而在 MPG 和 FD 路径图中为黄绿色到橘红色，这说明这个区域的像元在前两种质量图的指导下比较早地被解缠，而在后两种质量图的指导下被解缠得比较晚。

观察 MPG 和 FD 解缠图形变区左侧的不连续带发现,不连续的区域恰好处在黑色矩形框的上方,说明这两种方法出现的不连续现象是由黑色框区域的解缠顺序造成的。由于一般情况下解缠得越早则误差传递得越少,而条形带左侧上半部分的像元是基于下面相邻像元解缠的(条形带质量太差,解缠顺序晚于左侧区域)。所以下面像元的解缠结果越可靠,上面的结果误差也就越小。因而基于 CC 和 PDV 两种质量指标的解缠图的左上方区域没有出现明显的不连续现象,而 MPG 和 FD 则有。另外,在 CC 和 PDV 的路径图中,处于形变区中央椭圆所圈区域的像元颜色较 MPG 和 FD 红,说明它们被解缠得较晚,因而出现了 CC 和 PDV 解缠图中相应位置的空洞现象。至于 CC 质量指标的解缠结果在形变区被解缠出的范围远小于其他方法,也很容易从其路径图中得到解释。这是因为形变区较大范围的像元被解缠得比较晚,致使误差传递严重,内部的像元得不到较可靠的解缠结果。

综合以上分析可以看出,MPG、PDV 和 FD 质量指标引导的路径总体上较合理,进而解缠结果也比较令人满意。需要指出的是,这组实验并不能否认 DOE 方法。因为 DOE 是基于图像灰度的质量图指标,其显著特点是对相位噪声比较敏感,在噪声较大的实测数据中,导致 DOE 辨别相位质量的能力下降,不适合处理这类高噪声数据。

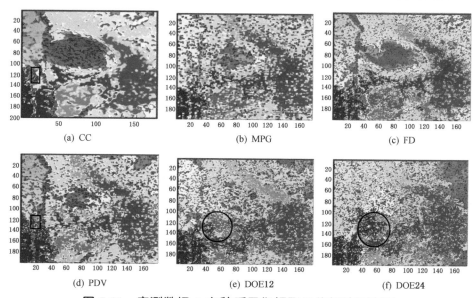

(a) CC   (b) MPG   (c) FD

(d) PDV   (e) DOE12   (f) DOE24

图 5-11　实测数据 A 六种质量指标引导的解缠顺序图

Figure 5-11　The phase unwrapping orders based on different quality maps for real data A

图 5-12 给出了实测数据 B 的解缠结果,由于此组数据相干性非常差,我们在进行相位解缠前对 2 视结果进行了程度非常轻的自适应滤波(滤波程序由 Gamma 软件处理,滤波参数为 0.01)。由于 DOE 质量图法在处理此类数据时效果不理想,因而图

5-12 并没有给出 DOE 的相应结果。由图 5-12 可以看出,其他四种方法均没能对干涉图形变区的右下角区域成功解缠。由干涉图和相干系数图可以看出,形变区右下角及其周围区域噪声非常严重,因而导致了解缠失败。相比较而言,CC 和 MPG 方法在信噪比高的区域(形变区右上方)得到了比较好的解缠结果,然而在右下角失相干比较严重的区域解缠结果非常差。说明这两种方法比较适合用于解缠信噪比整体较高的干涉图。这是因为 CC 和 MPG 指标强调的是单个像元的特性而没有顾及窗口内像元的整体信息。而在信噪比低的区域,尤其一些存在孤立高质量点的区域,若用单个像元的特性来衡量窗口中心像元的质量,对于 CC 方法来说,会过频出现解缠过程穿过低质量区去找高质量像元的行为,从而造成误差累积;对于 MPG 来说,会把一些空间上匀质但相干性不高的像元误判为高质量点,而这些点的解缠结果不如相干性好的像元解缠结果可靠性高,从而造成某些相干性较低的像元先解缠,误差较早地传递下去。而对于 PDV 方法,形变区右下方得出了较其他方法稍好的解缠结果,但从解缠图和反解缠图形变区的右上方(黑色椭圆所圈)可以看出,解缠结果发生了一定的扭曲。总体来讲,FD 方法得出了比较好的解缠结果。

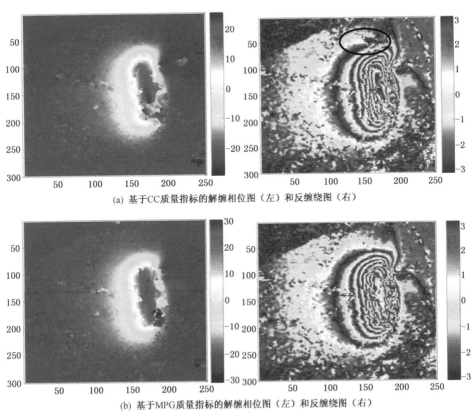

(a) 基于CC质量指标的解缠相位图(左)和反缠绕图(右)

(b) 基于MPG质量指标的解缠相位图(左)和反缠绕图(右)

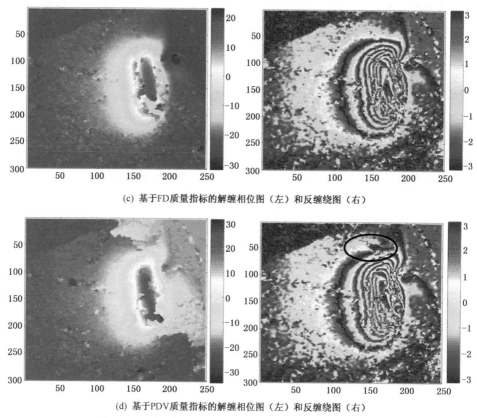

(c) 基于FD质量指标的解缠相位图（左）和反缠绕图（右）

(d) 基于PDV质量指标的解缠相位图（左）和反缠绕图（右）

图 5-12　实测数据 B 六种质量图对应的解缠结果

Figure 5-12　The unwrapped results based on different quality maps for real data B

5.2.3　结论

　　综合考虑模拟数据和实测数据的相位解缠结果,当信噪比较高时,六种方法基本都可以得到比较满意的结果,而当信噪比较低时,那些顾及空间总体信息的方法(PDV、FD)比强调个体特征的方法(CC、MPG)效果好。DOE 方法虽然强调整体信息,但对分级总数的设置要求比较高,合理的参数会取得较好的解缠结果,而当参数选取不当时有可能取得相当糟糕的结果。对于 PDV 和 FD,从模拟的长基线数据来看,PDV 要优于 FD,但从两组实测数据来看,PDV 的稳定性稍逊于 FD 方法。这是因为模拟的长基线数据虽然存在比较复杂的梯度变化,但仅考虑了几何失相干的影响,因而噪声比较单一,另外地形种类也比较单一。对于两组实测数据,由于是差分干涉图,所以条纹的梯度变化实际上没有模拟数据那么复杂,下沉区基本为一盆状。另外对于 PDV 方法由于其只顾及空间信息,有时会误把一些低质量像元判为高质量像元,而 FD 兼顾空间和时间(相干)两种信息,因而总体上比较稳定。

5.3 基于 FD 的新质量指标

5.3.1 新质量指标介绍

由 5.1.5 可知,FD 指标综合考虑了当前像元及与之相邻的八个像元的 Fisher 信息,由于顾及了时间和空间的特性,较其他指标更全面更稳定[81]。通过 5.2 节的实验可以看出,一般情况下,质量指标包含的信息越全面,其解缠的结果越可靠。基于此,本节提出一种新的基于 FD 的质量图指标,这种指标不仅考虑当前像元和与之相邻的 8 个像元的 Fisher 距离,而且还考虑相邻像元之间的 Fisher 距离,因而比原有的 Fisher 距离更能反映当前像元的空间分布相位信息。

对于一幅图的任一非边界像元(见图 5-13),考虑与之相邻的 8 个像元及本身总共 9 个像元的区域:

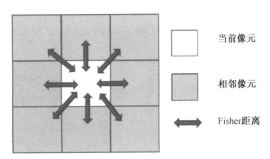

图 5-13 原有 FD 值计算方法

Figure 5-13 Diagram of Fisher distance index

改进后的当前像元的 Fisher 距离顾及了窗口内所有相邻像元的 Fisher 信息,如图 5-14 所示:

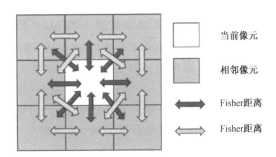

图 5-14 改进的 FD 值计算方法

Figure 5-14 Diagram of modified fisher distance index

由此可见,改进的 FD 质量指标不仅考虑了当前像元与周围像元的 Fisher 信息,而且还考虑了其他相邻像元之间的 Fisher 信息,本质上是在以当前像元为中心的窗口内,对所有相邻像元的 Fisher 信息求平均,较原 FD 指标信息更全面。可以分别计算窗口内水平方向、竖直方向、45 度方向以及 135 度方向相邻像元的 Fisher 距离,然后求平均。为了简单起见,新的基于 Fisher 信息的改进质量图方法简写为 MFD(Modified Fishe Distance)。

5.3.2 实验及结论分析

本实验首先给出了具有代表性的模拟数据二与实测数据 A 的 MFD 质量图,其次给出了对应于 5.2.2 节四组实验数据(模拟数据二、模拟数据三、实测数据 A 及实测数据 B)的基于 MFD 质量指标的相位解缠结果。对于模拟数据从定性和定量两方面进行了分析,由于实测数据为差分干涉图数据,没有可靠的先验数据作对比,因此只进行了定性分析。

图 5-15 给出了模拟数据二和实测数据 A 的 MFD 质量图。模拟数据二与实测数据 A 对应的 FD 图[见图5-4(c)与图5-5(c)]相比,一方面可以看出这两组数据的 MFD 图的纹理与 FD 基本一致,说明 MFD 指标基本合理;另一方面又可看出颜色较 FD 图更偏向低值颜色方向,这是因为 MFD 顾及了更多像元的相位信息。

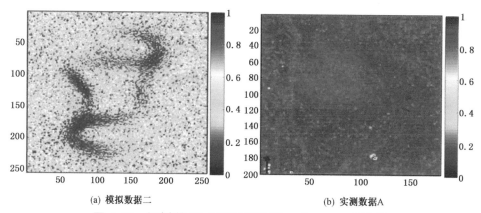

(a) 模拟数据二   (b) 实测数据A

图 5-15　模拟数据二和实测数据 A 的 MFD 质量图

Figure 5-15　MFD quality maps of simulated data 2 and real data A

图 5-16 给出了基于 MFD 质量指标的模拟数据二及模拟数据三的解缠结果,包括解缠相位图(左)、解缠误差图(中)及误差直方图(右)。图 5-17 给出了两组数据对应的解缠顺序图。表 5-3、表 5-4 给出了误差均值、均方根、misfit 值以及误差分布在一定范围内的百分比。从解缠相位图来看,模拟数据二的解缠相位既连续又光滑;对比图 5-6(c),由误差图可以看出,在条纹频率变化最快的区域误差变小了。由误差统计直方图可看出,大误差值在变小,误差较大的像元个数也在减小。与表 5-2 中六种结果相比,误差均值在比较低的水平,均方根误差和偏差值都比其他质量图小。无论是从视觉还是从定量比较,改进的 Fisher 距离均比原有 Fisher 距离效果好。对于模拟数据三可以看出,在条纹密集、相位梯度变化较快的区域,

基于 MFD 的相位解缠结果较 FD 误差较大，因而表 5-4 中的误差均值、方差及 misfit 值都比较大。而从误差直方图[图 5-16（b）右子图]可以看出，小误差像元的个数较多，这也可从表 5-4 的误差分布在三种范围内的百分比得到证实。

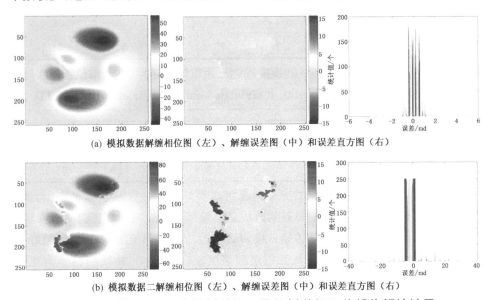

(a) 模拟数据解缠相位图（左）、解缠误差图（中）和误差直方图（右）

(b) 模拟数据二解缠相位图（左）、解缠误差图（中）和误差直方图（右）

图 5-16　基于 MFD 的模拟数据二及模拟数据三的相位解缠结果

**Figure 5-16　The unwrappedresults of simulated data 2 and
3 based on MFD quality index**

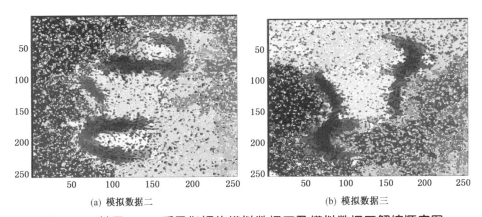

(a) 模拟数据二　　　　　　　　　　　　(b) 模拟数据三

图 5-17　基于 MFD 质量指标的模拟数据二及模拟数据三解缠顺序图

**Figure 5-17　The phase unwrapping orders of simulated
data 2 and 3 based on MFD quality index**

表 5-3　基于 MFD 和 FD 的模拟数据二相位解缠结果误差（单位：rad）

Table 5-3　Unwrapped results of simulated data 2 basde on MFD and FD

	mean	std	misfit	$[-0.5,0.5]$	$[-0.3,0.3]$	$[-0.1,0.1]$
MFD	0.001	0.340	0.218	88.7%	71.1%	29.4%
FD	−0.001	0.358	0.224	88.4%	69.6%	28.1%

表 5-4　基于 MFD 和 FD 的模拟数据三相位解缠结果误差（单位：rad）

Table 5-4　Unwrapped results of simulated data 3 basde on MFD and FD

	mean	std	misfit	$[-0.5,0.5]$	$[-1,1]$	$[-5,5]$
MFD	0.636 0	7.968 0	52.687 6	43.44%	72.74%	96.82%
FD	0.424 5	3.687 2	12.125 9	43.27%	71.49%	96.12%

分析 misfit 值随解缠路径的变化情况可以很好地解释误差从哪里产生、误差随路径如何传播等问题。一个较好的解缠算法应该是较大的 misfit 值不会在较早时候出现以避免出现误差较早传递。换句话说，大的 misfit 值出现得越晚越好，这样就可以保证先被解缠的大量像元的解缠精度较高。misfit 曲线的斜率为正时，说明误差出现累积传播现象；反之则说明误差在逐渐变小。图 5-18 给出了模拟数据二及模拟数据三的 misfit 值随解缠路径变化的曲线图。由图 5-18(a)可以看出，MFD 方法和 FD 方法的 misfit 值增长趋势基本一致，从 misfit 值来看，MFD 方法稍优于 FD 方法。由图 5-18(b)可以看出，MFD 方法的大误差出现较 FD 方法晚，并且在出 MFD 大误差出现之前，且 MFD 值比 FD 值小。这说明 MFD 方法出现误差累积现象较晚，有较多的像元解缠结果可靠。同时也可以看出，大致在 50 000 个像元之后，MFD 的 misfit 值较 FD 的大，说明在数据质量极低的区域，FD 取得了比 MFD 方法较好的解缠结果，这也可以从模拟数据三的解缠结果图[见图5-16(b)]直观地看出。结合模拟数据三解缠顺序图[见图5-17(b)]可看到，在解缠比较晚的条纹密集区的误差比 FD 方法大得多。

由模拟数据二及模拟数据三的解缠结果看，MFD 指标适合用于解缠条纹不太密集且噪声水平复杂的干涉图，而不适合处理条纹密集、梯度变化非常快且噪声水平低的干涉图。这是因为 MFD 指标综合考虑了当前像元及周围相邻更多像元的信息，因此此指标可靠性高。也就是说，指标代表的高质量像元的梯度估计一定较精确。但同时由于此指标考虑的像元较多，会出现把地形陡峭但噪声不是很大的区域判为低质量区的情况（而实际上梯度较大、噪声水平较低时梯度估计精度并不低），因此，具有此种特点的区域的像元可能会在较晚时候被解缠，从而出现较大的误差。

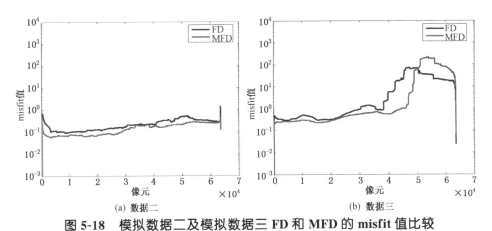

(a) 数据二   (b) 数据三

图 5-18　模拟数据二及模拟数据三 FD 和 MFD 的 misfit 值比较

Figure 5-18　Misfit values along FD and MFD unwrapping path

for both simulated data 2and 3

为了进一步说明 MFD 质量指标的实用性,采用实测数据的解缠结果作对比分析。图 5-19 给出了实测数据 A 在 MFD 质量引导下的解缠相位图及解缠相位反缠绕图。图 5-20 给出了 MFD 和 FD 处理该组数据的解缠顺序。可以看出,基于 MFD 的解缠相位图的连续性明显优于 FD 质量指标引导的解缠结果,尤其体现在形变区左侧区域。这说明 MFD 质量图引导的路径在一定程度上可以避免解缠行为直接穿过低质量区到达高质量区而造成的误差累积传播。由图 5-20 中的解缠顺序图可以看出,与 FD 解缠顺序图相比,图像左下侧矩形所圈区域存在一处明显先于 FD 方法解缠顺序的区域。再由六种解缠顺序图可以看出,凡是黑色矩形区较早被解缠的质量图,低质量带左侧的解缠相位都比较连续,如图 5-11 所示。另外,从解缠的图像看,无论从连续性还是光滑性上,也都明显优于其他五种质量图解缠结果。

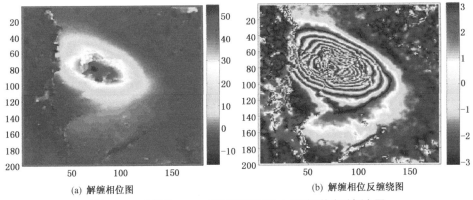

(a) 解缠相位图   (b) 解缠相位反缠绕图

图 5-19　基于 MFD 的实测数据 A 的相位解缠结果

Figure 5-19　The unwrappedresults based MFD quality index for real data A

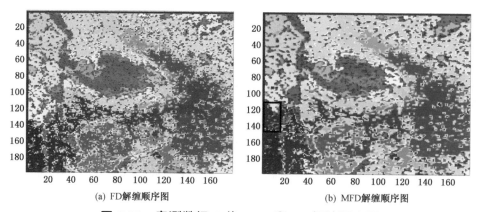

(a) FD解缠顺序图　　　　　　　　(b) MFD解缠顺序图

图 5-20　实测数据 A 的 MFD 和 FD 解缠顺序图

Figure 5-20　The phase unwrapping orders of real data A based on MFD and FD indexes

采用另一种实测数据进一步说明 MFD 质量指标引导 CKF 相位解缠的性能。图 5-21 给出了实测数据 B 在 MFD 引导下的解缠相位图和解缠相位反缠绕图。与图 5-12(c)FD 质量图引导的解缠结果相比可以看出，MFD 解缠相位图明显比 FD 连续，形变区右上部分体现得尤为明显。从反缠绕图也可以看出，在质量较高的上半部分区域，MFD 的反缠绕图条纹比 FD 的更干净，条纹更清晰，去噪效果更好（如图中黑色椭圆部分所示）。

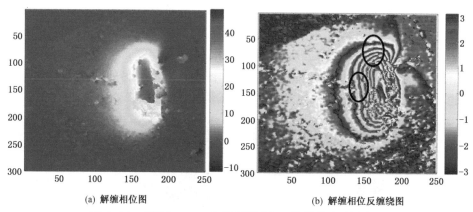

(a) 解缠相位图　　　　　　　　(b) 解缠相位反缠绕图

图 5-21　基于 MFD 的实测数据 B 的相位解缠结果

Figure 5-21　The unwrappedresults based MFD quality indexes for real data B

综合两种实测数据实验可以看出，在 MFD 方法表现得优越的区域或基本没有条纹（实测数据 A）或条纹比较稀疏（实测数据 B），并且这些区域相干性比较复杂（相干系数值高低相间）。这说明 MFD 质量指标对这类条纹不太密集且噪声水平较复杂的干涉图的相位解缠具有一定的优越性。

5.4 小结

本章介绍了已有的六种指导相位解缠路径跟踪的质量图指标,从它们对梯度和噪声的敏感性及其对空间相似性与时空相干性的识别能力等方面,分析指出了它们的特点及适用情况。采用两组模拟数据和两组实测数据对分析结果进行了验证,结果表明当噪声整体较低时,采用六种质量指标基本都可以得到满意的解缠结果;当噪声整体较高,尤其失相干非常严重的情形下,基本都得不到满意的解缠结果;当地形简单、噪声较高时,PDV、FD 指标可以较好地指导相位解缠;当地形复杂、噪声分布较复杂时,FD 指标较合适。总之,同时考虑像元的相干信息和空间相似信息的 FD 指标整体比较鲁棒,引导的解缠结果具有明显优势;针对原有 Fisher 距离信息只考虑当前像元与周围 8 个像元的相似程度而忽略了周围相邻像元的相似性这一特点,提出了一种改进的 Fisher 距离信息质量图指标。该指标综合了当前像元与周围八个像元的所有相邻像元的相似性信息,理论上信息更全面。模拟数据和实测数据实验结果均表明:改进的质量图指标可靠性较高,也就是说指标代表的高质量像元的梯度估计较精确,从而解缠结果较精确,适合处理那些条纹不太密集且噪声水平复杂的干涉图。

6 质量不连续干涉图的解缠策略

由第 5 章可知,对于高噪声干涉相位图,质量图的选择对相位解缠结果起着举足轻重的作用[81]。然而在质量图存在大面积不连续区域的情况下,即使质量图选择得非常合理,也会由于解缠路径不得不穿过低质量区到高质量区而造成误差的累积传播,从而使部分高质量区的像元得不到可靠的解缠结果。针对此问题,Xu Wei 等提出了一种从多个高质量的像素开始,独立地生长出若干个解缠区域,然后按照一定的规则将它们连接合并的算法[80]。该算法在一定程度上解决了以上问题,然而却没有对如何确定高质量像素进行论述。郭春生等提出了将干涉相位图的边缘曲线作为区域增长相位解缠算法的种子,通过分析边缘曲线之间的相位关系,利用遗传算法获得种子的优化相位值,从而实现干涉相位图的优化区域 2 维相位解缠[115]。毕海霞、魏志强提出了一种结合区域识别和区域增长的区域识别与扩展相位解缠方法[89]。这些方法都在一定程度上丰富了在相位质量图不连续情况下的相位解缠方法。然而到目前为止,一方面对具有滤波功能的相位解缠方法在这方面的研究还没出现,另一方面对如何确定参考点这一问题研究得也较少。

基于此,本章以 CKF 相位解缠模型为例,重点研究其如何处理具有不连续质量图的干涉图,主要内容包括参考点不足时存在的问题、多参考点策略及参考点的选取方法,最后分别采用模拟数据和实测数据进行验证分析。

6.1 高噪声区参考点不足存在的问题

6.1.1 存在的问题

干涉图可能包含一些孤立的"岛屿",在这些岛屿内,相位质量较高,相位解缠能够顺利进行,而其他区域噪声太严重,致使相位解缠结果可靠性太差。典型的例子如由河道隔开的区域、海岛区域、多植被覆盖地区等。对于这样的干涉图,若参考点选取得不当,或者说有些高质量"岛屿"没有解缠参考点,就会造成解缠路径不得不穿过低质量区到高质量区进行解缠,因此就会由于误差的累积和传播造成高质量区的像元的解缠结果较差。这是我们在相位解缠过程中非常不希望看到的情况。例如图 6-1(a)中,假设有明显的两片高质量区(白色区域①和②),其周围被低质量像元区包围;图 6-1(b)为实测数据的相干系数质量图,可见辅对角线附近有一条低质量带(蓝色区域)将质量图隔离成了两片孤立的高质量区。以图 6-1(a)为例,假设我们在区域②选取了一稳定的参考点开始解缠,那么当解缠行为进入区域

①前将不得不通过灰色的低质量区。由于 CKF 相位解缠模型中,下一像元的解缠结果依赖于它周围的已解缠像元的解缠值,所以当周围像元解缠结果存在较大的误差时(低质量区解缠结果的误差较大),这种误差会通过误差传播传递给高质量区的像元。因此,区域①中的高质量像元却得到了误差较大的解缠结果。在低质量区不能得到高的解缠精度的现实下,我们希望尽量保证高质量像元得到较高精度的解缠结果。若在区域①和②分别选取两个较理想参考点,同时进行解缠,就可以取得比较满意的解缠结果。一方面,两片高质量区可以取得精度较高的解缠结果;另一方面,区域①周围的像元也会由于周边已解缠像元的较高质量的解缠结果取得比原来更可靠的结果。

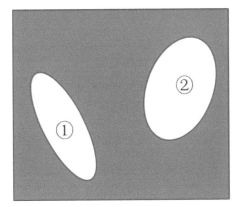 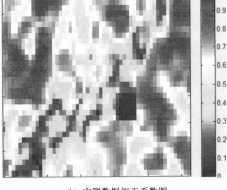

(a) 不连续质量图的简单示意图　　　　(b) 实测数据相干系数图

图 6-1　质量不连续图

Figure 6-1　Dis-continuous quality maps

6.1.2　参考点不足的实验结果

为了直观解释质量不连续区干涉图相位解缠存在的问题,模拟了一个典型的具有不连续质量区的干涉图,如附图 5 所示,见附录中模拟数据五。附图 5(a)为仿真的不连续干涉图,附图 5(b)是其对应的伪相干系数图。从图中可以看到,高质量区域被矩形分成了左右两部分,从某一高质量区进入到另一高质量区不得不穿过低质量的矩形区。图 6-2 分别给出了参考点仅选在右侧高质量区时的解缠结果。解缠函数采用 CKF 模型,引导解缠路径的质量图为伪相干系数图,局部相位梯度估计采用极大似然频率估计方法。可以很明显地看出,当解缠行为穿过低质量带解缠高质量区时,解缠结果发生了明显的偏差,而右边区域的解缠结果比较理想。这是因为低质量带的解缠误差传递给了高质量区。

对于多植被覆盖地区的实测 SAR 数据,这种现象也比较明显,例如第 5.2.2 节的图 5-10 中,基于 MPG、FD 以及 DOE12 等相位解缠引导路径时,解缠图在左侧区域都出现了明显的不连续现象。这是因为形变区的左侧有条上下走向的低质量带,质量图大致分成了左右两部分。由现场调研数据可知,这条低质量带是由于陡峭的地形造成的。而5.2.2节的实验结果均是基于单参考点的结果。

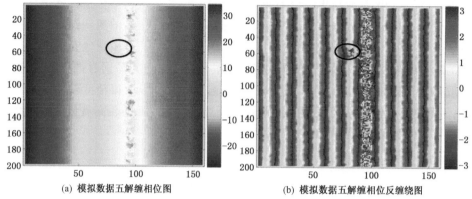

(a) 模拟数据五解缠相位图 (b) 模拟数据五解缠相位反缠绕图

图 6-2　模拟数据五单参考点 CKF 相位解缠结果

Figure 6-2　The unwrapped results based on CKFPU under single
reference point for simulated data 5

6.2　多参考点策略

选取多个参考点是解决误差从低质量区传递到高质量区的有效方法。本小节首先介绍下 Xu Wei 等提出的区域增长法,然后阐述本书所采用的多参考点解缠策略。

6.2.1　Xu Wei 区域增长方法

Xu Wei 的区域增长算法的基本原理是从一些高质量的像素开始,独立地生长出若干个解缠区域,然后按照一定的规则将它们连接合并起来。该算法主要是针对干涉条纹密集和信噪比低的情形设计的,力图选择解缠可靠性较高的路径。其主要步骤如下[80]:

(1) 初始像素选取。解缠是从几个区域同时进行。在每一个区域中,解缠从一个较理想的像素开始,例如处于局部平坦(干涉条纹相对稀松)部分、信噪比高的像素。

(2) 坡度预测。每一个像素基于其与相邻元素之间的坡度预测来进行。相邻像素之间的坡度预测值可以大于。各个方向的信息都将用于解缠,以避免只使用某一个方向的预测值时出现的错误。

(3) 可靠性检测。在解决解缠相位时,根据相位预测的一致性来检测解缠结果的可靠性。可靠性的容许误差是由松弛决定的,在保持解缠结果的一致性和保证尽可能多的像素能够被解缠这两个方面适当平衡。

(4) 区域合并。当两个分别解缠的区域生长到一起时,就要考虑是否可以合并。可以用一致性的准则检测相互重叠的那些元素,有时也需要对各自的解缠作出合理的调整。

Xu Wei 的区域生长算法特点是:选取多个种子作为参考点进行解缠,独立地生长出若干个解缠区域,并且各区域的相位解缠同时并独立地进行,生长到一起时依据一致性原则将重叠的部分消除,使得发生重叠的区域合并起来。用数学语言表示如下:

(1) 假设有 M 个种子,分别为 $O_1, \cdots, O_M$;

(2) 由这 M 个种子可独立地生长出 M 个解缠区域,记为 $U_1, \cdots, U_M$;

(3) 由于每一个区域都是独立地生长,因此一定存在一些区域,假设为 U_i,$U_j, 1 \leqslant i, j \leqslant M$,使得 $U_i \bigcap U_j \neq \varnothing$。

也就是说,一定存在一些像元有两种解缠相位值,一种是由 U_i 区域估计得到,一种是由 U_j 区域估计得到。因而,就需要根据一定准则进行区域合并。

6.2.2 本书所用的多参考点解缠策略

本书借鉴 Xu Wei 的区域生长算法,选多个参考点作为种子,但解缠行为不是在各区域同时且独立地进行,而是在各个待解缠像元间选取质量最高值作为下一待解缠像元,直到所有像元解缠完毕。具体描述如下:

(1) 依据某一准则,选取 M 个参考点。通常情况下,M 个参考点为依据某种准则的高质量点。本书中的实验,对于求解地形的干涉图,把这 M 个参考点对应的由外部 DEM 模拟展开的干涉相位作为它们的解缠相位值;对于求解形变的干涉图,由于高质量点一般为稳定的像元,因此直接把 M 个点的缠绕干涉相位作为解缠相位值。

(2) 生成一个邻接表,将已解缠像元相邻的未解缠像元放到邻接表中。记这些未解缠的像元构成的集合为 Z_w。相邻像元指当前像元的上下左右以及对角线方向总共 8 个相邻的像元。

(3) 从邻接表所列出的点中挑选出一个质量指标最高的像素(假设像元 $N_w \in Z_w$ 质量指标最高),待其解缠成功后从表中删除,然后再将该像素相邻的未解缠像元添入邻接表中,形成新的邻接表。

(4) 按步骤(3)以迭代方式进行下去,逐渐扩大已解缠的区域,直至质量最差的像素解缠完毕。

图 6-3 给出了两个参考点相位解缠过程邻接表变化的示意图,多个参考点情形与此类似。淡灰色的方格表示已解缠的像元;黑色方格表示进入邻接表的像素,它们都是已解缠像素的邻接像素。假设图 6-3(b)中椭圆所圈的像元为所有邻接像元(黑色方格)的质量最高点,则此像元就被选作下一个解缠的像素,图 6-3(c)中已改为浅灰色。由此,邻接表作相应更新,增加了新解缠像元的三个邻接像元(左方和上方)。

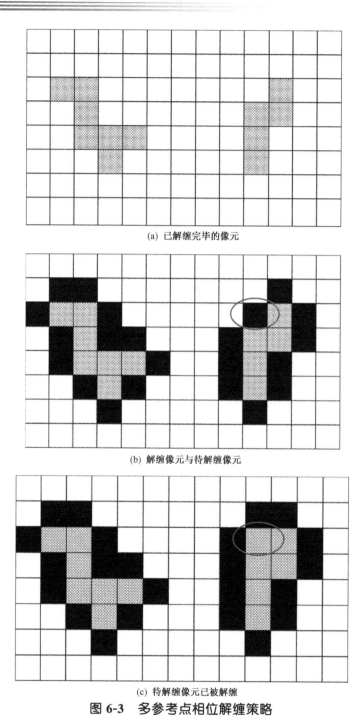

(a) 已解缠完毕的像元

(b) 解缠像元与待解缠像元

(c) 待解缠像元已被解缠

图 6-3 多参考点相位解缠策略

Figure 6-3 Diagram of phase unwrapping method based on multi-reference points strategy

由以上叙述可知,本书所用的多参考点解缠方法不是在几个区域同时进行,而是从几个解缠区域的所有邻接像元中寻找质量最高的像元,一次只解缠这一个像元。由于邻接像元全为待解缠像元,那么,对于任意一个像元,只会被解缠一次。因此不会出现重叠的被解缠区域,从而可以省去区域合并步骤。

6.3 参考点选取方法

多参考点毋庸置疑可以降低误差累积传播,但如何选取参考点也是比较棘手的问题。文献[115]提出把边缘曲线作为待选种子所在区域,一定程度上可以减轻误差从低质量区传递到高质量区,但其对滤波要求较高[115]。若质量图从低质量到高质量的中间过渡比较模糊,或者说质量分布比较分散,边界就难以确定。过粗的分类往往不能保证边界的像元为高质量点,进而导致在小区域内又出现了从低质量到高质量的解缠路径。过细的分类又会出现过多的边界线,增加确定种子的负担。本书提出新的多参考点选取方法:首先根据 Otsu 区域划分方法[165]将干涉图分为质量高和质量低两种情形,再根据质量图引导路径确定的解缠顺序找出那些符合从低质量到高质量再到低质量的路径的高质量像元(可称为孤立的高质量像元),然后在这些孤立的高质量像元区内选择较理想的参考点。由 6.3.2 节可知满足这种路径的像元可能是离散的也可能是连续的成片的区域。然后在那些比较大的孤立的连续区域根据一定规则找出比较理想的解缠参考点。

6.3.1 区域划分

对某一选定的质量图,根据一定的阈值,将之分为高质量和低质量两种情形。当阈值设置得过高时,很多高质量的像元将归到低质量集合区中,如此将会出现更多的孤立的高质量区,将给参考点的选择过程增加负担。相反,当阈值设置得过低时,一些低质量的像元又归为了高质量像元集合,通常会导致由于误差的传递造成的解缠结果的可靠性降低。为了得到一个比较合适的阈值,我们采用 Otsu 方法,通过最大化类别方差取得合适的阈值。具体算法流程如下:

(1)将质量图平均分为 N 个等级。本书中,根据质量值的有效位数取 $N=1000$。

(2)取一阈值 $k,k \in [1,N)$,将质量图分为高和低两类。前 k 个等级为低质量类,后 $N-k$ 个等级为高质量类。

(3)分别计算质量低和高两类像元数在总像元数中所占的百分比。其中低质量像元所占百分比记为 ω_0,高质量像元所占百分比记为 ω_1。

(4)分别计算质量低和高两类像元的等级均值。其中低质量等级均值记为 μ_0,

高质量等级均值为 μ_1。

(5) 计算类间离散度(也称类间方差) $\delta_B^2 = \omega_0\omega_1(\mu_1 - \mu_0)^2$。

(6) 转到步骤(2), k 依次取遍 $[1,N]$, 步长为 1。

(7) 当阈值取遍所有值时, 将类间离散度最大值对应的 k 级别作为最终的质量图高低质量划分的阈值, 即最终阈值 k^* 满足 $\delta_B^2(k^*) = \max\limits_{1 \le k < N}\delta_B^2(k)$。

可以看出, 类间离散度值 δ_B^2 为级别 k 的函数, 是基于级别的一阶统计矩计算的。由于当 k 取 0 或 N 时, 所有像元将归为低质量类或高质量类, 此时类间离散度值为 0, 这不符合实际问题的需要, 因此 $k \in [1,N)$。

6.3.2 参考点选取

为避免解缠行为穿过低质量区到高质量区造成误差累积传播效应, 需要在孤立的高质量区选取解缠参考点。本书以划分为高质量区和低质量区的质量图为依据, 在一高质量区选一种子点, 根据原质量图值计算出单参考点的解缠顺序结果。需要注意的是, 解缠顺序结果的取得并不需要进行实际的解缠, 因此不会过多增加整个解缠过程的计算负担。根据解缠顺序结果标记出那些周围都是低质量像元的闭合区域作为高质量区域。最后在这些孤立的高质量区选取较理想的参考点。具体流程如下:

(1) 由区域划分算法得到质量分为高低两类后的质量图, 假设得到的质量图如图 6-4(a)所示。其中闭合区域 A、B、C 为高质量区, 可见这三个区域为独立的高质量区。

(2) 选择一处比较大的高质量连续区域并在区域内选一理想的种子点。例如图 6-4(a)在 A 区选一种子点, 假设以 O_A 为初始参考点开始进行解缠, 依据原质量图数据可得一解缠顺序图。

(3) 根据解缠顺序结果标记出那些周围都是低质量像元的闭合区域作为孤立的高质量区域, 即标记从低质量到高质量再到低质量这类路径中的高质量像元所在区域。一般情况下, 图中 B 和 C 会被标记, 除非 B 和 C 周围为质量最低值区间。

(4) 分别在标记的高质量区取理想种子作为解缠初始点。例图中 O_A 、O_B 、O_C。

(5) 以 O_A 、O_B 、O_C 为初始参考点开始进行逐像元相位解缠直到全部像元被解缠, 具体策略参见 6.2.2 中的多参考点解缠策略。

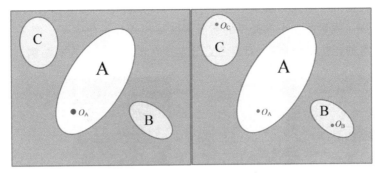

图 6-4 多参考点选取示意图

Figure 6-4 Diagram of multi-reference points selection

需要指出的是,对于实测数据,由于地物覆盖的多样性、地形的复杂性、质量图指导路径的特殊性等因素,根据阈值划分后的质量图一般情况下并不像图 6-4 那样呈大片连续状,而是会存在一些点状的或非常小的孤立的高质量区。对于此种情况,本书根据实际的研究区域的大小或关心的主要问题的类别设定一个像元数目阈值 N,小于 N 个像元的区域被视为低质量区,不在这些区域找新的解缠参考点。例如,当研究的区域比较大或重点关注的形变区比较大时,阈值可设为一较高的值,相反则设置成较低的值。另外,对于所得到的复杂的孤立高质量区,参考点个数的选择通常是个比较棘手的问题,因为过多的参考点会使解缠结果的一致性变差,过少又达不到高质量的区域取得较准的解缠结果的目的。基于此,我们提出一种迭代的方法,前三步同上述参考点选取步骤中的(1)、(2)、(3),后续步骤(4)和(5)修改如下:

(4*)在标记出的孤立的高质量区依据选点准则选取一新参考点。以已选参考点和新参考点为解缠种子点,依据 6.2.2 节解缠路径跟踪规则得到一新的解缠顺序图。

(5*)重复步骤(3),得到新的孤立高质量图,如此以迭代方式进行下去,逐渐减少孤立的高质量区,直到在所得到的孤立高质量区找不到合适的解缠种子点或孤立的高质量区像元数小于设定的阈值 N。

6.4 实验及分析

采用一组模拟数据和三组实测数据来验证本书提出的多参考点 CKF 相位解缠理论的有效性。

6.4.1 模拟数据及结果分析

实验数据采用附录中模拟数据五,如附图 5 所示。由 6.3.1 节划分质量图高低方法,可得原质量图划分结果如图 6-5(a)所示,其结果符合模拟数据的真实质量情况。再根据单参考点的解缠顺序图[图 6-5(c)]得到的孤立高质量区,由图 6-5(b)可以看出,质量图左半部孤立的高质量区被成功标记出来了。图 6-6 给出了基于双参考点的相位解缠结果,双参考点分别选在低质量区的左右两侧。

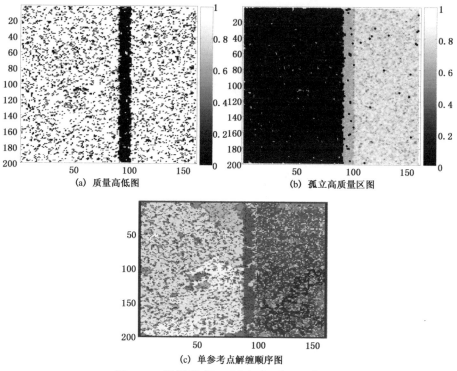

(a) 质量高低图　　　　　　　　　(b) 孤立高质量区图

(c) 单参考点解缠顺序图

图 6-5　模拟数据五孤立高质量区划分

Figure 6-5　Dividing isolatedquality area for simulated data 5

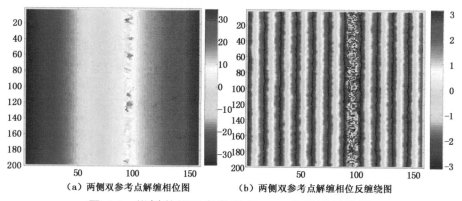

（a）两侧双参考点解缠相位图　　　　（b）两侧双参考点解缠相位反缠绕图

图 6-6　模拟数据五多参考点 CKF 相位解缠结果

Figure 6-6　The unwrapped results based on CKF under multi-reference points

定性评价:由单参考点的解缠结果[见图 6-2 (a)、(b)]可以看出,除低质量带外,在低质量区左边的高质量区存在着明显的相位扭曲现象。也就是说,高质量区却出现了不可靠的解缠结果。而从图 6-6(a)和(b)来看,双参考点的解缠结果明显优于单参考点情形,图 6-2 中出现的相位扭曲现象已消失,反缠绕图条纹信息和原干涉图条纹信息一致,说明多参考点解缠方法能较好完成不连续相位质量区域的相位解缠。

定量评价:图 6-7 给出了单参考点和双参考点解缠误差结果。由于本实验为了验证高质量区的解缠效果,因此我们仅给出了去除低质量带像元后的误差分布及统计直方图。作为参照,图 6-7(a)、(b)给出了原干涉图所含噪声的分布图及统计直方图。图 6-7(c)为单参考点的误差图,红蓝分界线左侧为原干涉图左半部分高质量区的误差,右侧为右半部分高质量区的误差,(d)为(c)左半部分(红色)误差统计直方图,(e)为(c)右半部分(蓝色)误差统计直方图。(f)和(g)分别为双参考点误差图及误差的统计直方图。由图 6-7(c)、(d)及(e)可以看出,左半部分误差较大,所有像元的误差都大于等于 2.5 弧度,而右半部分的误差较小,分布在-0.5到+0.5 弧度之间,远小于原干涉图中所含噪声的分布范围。这说明解缠行为穿过干涉图低质量带后,低质量带的解缠误差传递给了高质量区像元。为避免这种情况,采用了多参考点策略(此例采用两个参考点),所得结果[见图 6-7(f)及(g)]表明此策略非常有效。由图 6-7(e)和(g)可以看出,双参考点所有像元的解缠误差和单参考点右半部分误差的分布范围相当,都远小于原干涉图所含噪声分布范围。表 6-1 统计了原噪声、单参考点解缠误差及双参考点解缠误差分布在三种范围内的数目所占的百分比。可以看出,双参考点的误差范围远小于原噪声及单参考点解缠的误差范围,再次从量化指标上验证了多参考点的有效性和必要性。

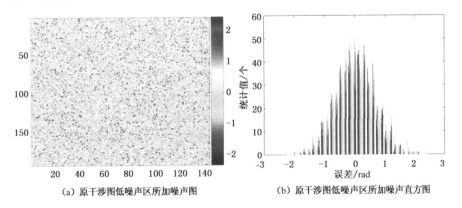

(a) 原干涉图低噪声区所加噪声图　　　(b) 原干涉图低噪声区所加噪声直方图

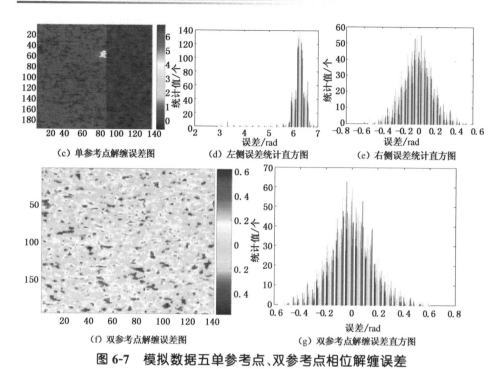

(c) 单参考点解缠误差图　　(d) 左侧误差统计直方图　　(e) 右侧误差统计直方图

(f) 双参考点解缠误差图　　　　(g) 双参考点解缠误差直方图

图 6-7　模拟数据五单参考点、双参考点相位解缠误差

Figure 6-7　The unwrapped error results of single reference and two reference strategy

表 6-1　单、双参考点相位解缠误差分布区间百分比

Table 6-1　Error statistics results for unwrapped results under single and two reference points

误差分布范围（弧度）	单参考点	双参考点
$[-0.6, 0.6]$	39.44%	100%
$[-0.4, 0.4]$	39.02%	98.89%
$[-0.2, 0.2]$	32.58%	81.52%

6.4.2　实测数据及结果分析

本小节采用附录中实测数据 A、实测数据 C 及实测数据 D 来验证多参考点解缠方法性能。其中前两种数据对应的干涉图为差分干涉图（为解地形），由于形变相位很难有参照数据作对比，因此只是从目视效果上定性分析解缠的结果。实测数据 D 的干涉图是为了求解地形相位的，我们采用由高精度 DEM 模拟的展开的地形相位作为参照数据。利用解缠相位 ϕ 与模拟出的相位 ϕ_{sim} 的差值 δ，即：

$$\delta = \phi - \phi_{sim}$$

作为定量评价指标。

对于实测数据 A，由图 5-10(c) 可以看出，在形变区外左上方区域出现了明显的相位不连续现象。而从图5-5的六种质量图来看,解缠相位图的不连续区域并不全是质量低的区域,比如,位于低质量条形带左侧的不连续区的像元,其质量指标值并不低。之所以解缠相位出现了较大的偏离,是因为解缠穿过低质量带获得的较大的误差传递到了高质量区。为解决此问题,本实验采用了多参考点策略。首先由区域划分算法得到质量分为高低两类后的质量图,如图6-8所示。然后在一比较大的高质量区依据选点准则选取了一解缠种子点,依据FD质量指标和本书采用的多参考点解缠方法(6.2.2节)得到一解缠顺序图,如图6-9所示。需要指出的是,关于初始参考点的选择是个比较棘手的问题,本实验采用的解缠参考点特点很明显。(该像元采用利用模糊集理论得出的CC、FD、PDV三种指标都表现较好且相位接近0的像素。)根据解缠顺序图及划分的相位质量高低图,标记出那些孤立的高质量区,如图6-10所示。

图6-8中,白色代表质量高,黑色代表质量低。可以看出,对于实测数据,其分级后的质量图从视觉上看,高低质量区域往往呈散状分布,很难直接判断出孤立的高质量区。易知,高质量区是否孤立,主要是依据解缠路径来判断,因此单参考点解缠顺序图被用来标记孤立的高质量区。需要指出的是,虽然单参考点的解缠顺序图是为了找出孤立的高质量区域,无论选择哪个点都会得到孤立的高质量区图结果,但若此参考点选择不当,就会造成这些孤立的高质量区分布更复杂,为后续其他参考点的选择带来麻烦。因此,应该选出比较可靠的单参考点。此实验,单参考点选择在面积相对较大的高质量区、CC、FD、PDV三种质量指标都较优且相位接近0相位的像元作为解缠种子点。

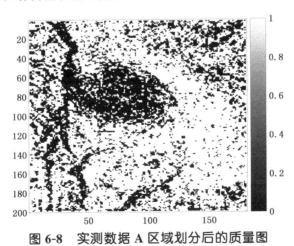

图6-8 实测数据A区域划分后的质量图

Figure 6-8 The devided quality map with high and low quality results for real data A

以(172,145)像元为解缠起始点的单参考点解缠顺序图如图6-9所示。依据此解缠顺序图,标记那些从低质量到高质量再到低质量的路径中高质量像元为孤立的高质量区,所得结果如图6-10所示。

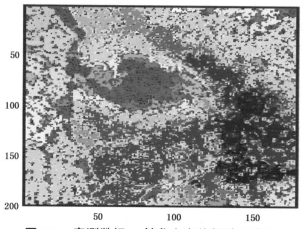

图 6-9 实测数据 A 单参考点的解缠顺序图

Figure 6-9 The phase unwrapping orders based on single reference point for real data A

图 6-10 中黑色为标记的孤立的高质量区,底图为 FD 相位质量图。可以看出,孤立的高质量区有成片的面积较大的区域,也有较散的面积较小的区域。对比质量高低图(图 6-8)可以看出,黑色区域恰好是质量图中质量高的区域的一部分。因为只有那些满足解缠路径从低到高再到低的高质量区才被识别为孤立高质量区(黑色所示)。在这些孤立的高质量区根据选参考点准则选取可靠参考点,采用6.2.2 所介绍的多参考点解缠方法进行相位解缠。

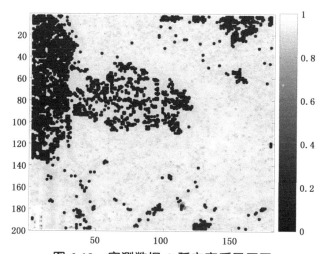

图 6-10 实测数据 A 孤立高质量区图

Figure 6-10 The isolated high-quality areas for real data A

实测数据 A 参考点为(172,145)时的单参考点解缠相位图见如 6-11(a)所示,在图 6-10 中,孤立高质量区域实施参考点选点准则需要 2 个参考点,连同点(172,

145)总共 3 个参考点的解缠结果如图 6-11(b)所示。可以明显看出,多参考点的解缠结果优于单参考点的结果。首先,低质量带左侧(椭圆所圈 A 区)取得了基本连续的解缠相位,其次形变区左侧(椭圆所圈 B 区)连续性也得到了改善。另外可以看出,图 6-11(b)中仍存在几处较小的不连续区,例如形变区左侧的低质量带所处区域,形变区下方的条带区域 C 及图右上角椭圆所圈区域 D,对照图 5-5 的六种质量图,可以看出这些区域都是质量非常低的区域,而不是高质量区取得了低质量解缠结果。

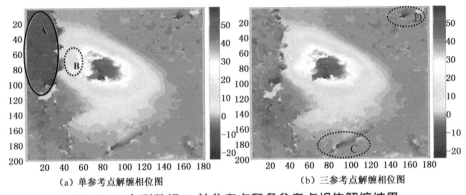

(a) 单参考点解缠相位图　　　　　　　(b) 三参考点解缠相位图

图 6-11　实测数据 A 单参考点和多参考点相位解缠结果

Figure 6-11　The unwrapped results of single reference point and multi-reference points for real data A

对于实测数据 C,单参考点解缠结果如图 6-12(d)所示,解缠参考点为(242,188)。很明显,单参考点解缠相位结果呈现出很大的不连续性。6-12(a)给出了 FD 相位质量高低图。单参考点解缠顺序图如图 6-12(b)所示,孤立的高质量区域图如图 6-12(c)所示,多参考点解缠相位图如图 6-12(e)所示。可以看出,多参考点解缠相位图明显优于单参考点的解缠相位图,主要体现在形变区左侧部分。同时也可以看到,相比于实测数据 A 的多参考点解缠结果,此组数据的多参考点解缠结果图中形变区外存在较多的不连续区,这是因为实测数据 C 所含的噪声明显大于实测数据 A,结合搜集的现场资料及实地考察可知,实测数据 C 获取数据期间,大部分地表有积雪、融冰覆盖,因此干涉图的失相干现象较严重。同样,对照实测数据 C 的质量图可知,这些不连续区为失相干比较严重的低质量区。也就是说,高质量区基本得到了比较满意的解缠结果。这也可以从图 6-12(f)的多参考点解缠顺序图得到合理解释。可以看出,高质量区域的像元基本都比较早地被解缠。再由图 6-12(g)可以看出,当实施整套多参考点选点解缠策略后,得到的不连续质量图已经没有大片的孤立的高质量区了,说明所建立的选点方法合理有效。

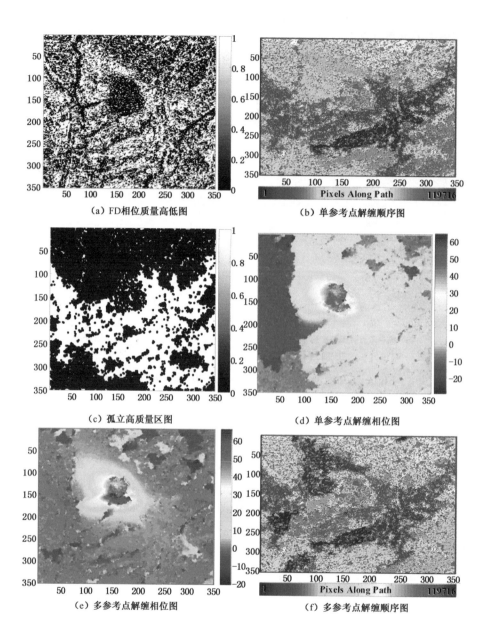

（a）FD相位质量高低图

（b）单参考点解缠顺序图

（c）孤立高质量区图

（d）单参考点解缠相位图

（e）多参考点解缠相位图

（f）多参考点解缠顺序图

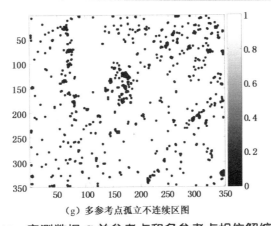

（g）多参考点孤立不连续区图

图 6-12　实测数据 C 单参考点和多参考点相位解缠结果

Figure 6-12　The unwrapped results of single reference point and multi-reference points for real data C

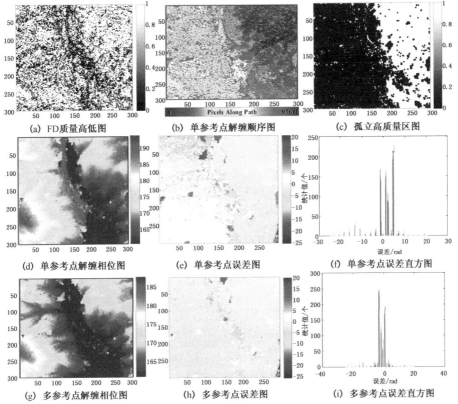

（a）FD质量高低图　　　　　　（b）单参考点解缠顺序图　　　　　　（c）孤立高质量区图

（d）单参考点解缠相位图　　　　（e）单参考点误差图　　　　　　（f）单参考点误差直方图

（g）多参考点解缠相位图　　　　（h）多参考点误差图　　　　　　（i）多参考点误差直方图

图 6-13　实测数据 D 单参考点和多参考点相位解缠结果

Figure 6-13　The unwrapped results of single reference point and multi-reference points for real data D

表 6-2　实测数据 D 单、多参考点相位解缠误差分布区间百分比

Table 6-2　Error statistics results for real data D under single and multi-reference points

误差分布范围（rad）	单参考点	多参考点
$[-\pi,+\pi]$	46.68%	89.08%
$[-1.5\pi,+1.5\pi]$	82.6%	96.09%

6.5　小结

对于噪声较高且噪声分布复杂的干涉图，当选择的参考点较少时通常会造成高质量的区域得不到高精度的解缠结果。针对此问题，本章借鉴 Xu Wei 的区域增长方法，提出了一种多参考点区域增长方法。该方法的解缠行为不是在各区域同时且独立地进行，而是从几个解缠区域的所有邻接像元中寻找质量最高的像元，一次只解缠一个像元。与 Xu Wei 的区域增长方法相比，此算法可以省去区域合并步骤，算法复杂度大大降低，但性能的比较有待进一步研究。提出了一种多参考点选取方法，保证了高质量区可以得到高精度的解缠结果。模拟和实测数据均表明所提出的方法可行且有效。

7 结论与展望

7.1 结论

本书主要针对高噪声密集条纹干涉图的相位解缠问题进行了比较深入的研究,取得了一定的成果,主要归纳如下:

(1)研究了影响相位梯度估计中的最大似然局部频率估计方法的主要因素。结果表明,对于信噪比较高、条纹较密的干涉图,可采用小窗口估计条纹频率;对于信噪比较高、条纹较疏的干涉图,可采用较大窗口估计条纹频率;对于信噪比低、条纹较疏的干涉图,在保证条纹频率不变的情况下,尽量增大估计窗口;对于采样数目,可以根据所要求的精度级别来确定。一般情况下,采样数目为 512 即可满足大多数的解缠精度(10^{-3})要求。

(2)从理论上分析了 EKF、UKF 及 CKF 相位解缠方法的精度比较,指出了在相位质量较好的区域,两者的精度相当;在相位质量较差的区域,两者的精度表现出了一定的差异。两组仿真数据和一组实测数据的结果证明了分析的正确性。

(3)研究了多视处理及预滤波对卡尔曼滤波相位解缠结果的影响。指出了在噪声较大的情况下,适当的多视处理和预滤波均能有效抑制干涉图的斑点噪声,提高干涉图的信噪比,能有效提高卡尔曼滤波相位解缠算法的解缠效果。但多视处理和预滤波不可避免地会滤除部分相位细节信息,对于地形起伏变化较大或形变发生较快的地区需谨慎使用。由于 Kalman 相位解缠方法本身具有去噪能力,因此对这些研究区可采用尽量小的视数、轻微的预滤波技术,取得既保留条纹细节信息又可有效去除斑点噪声的效果,而不必像传统方法那样通常陷入噪声的滤除程度与细节的保留多少的矛盾之中。

(4)深入分析了已有质量图的特点及适用条件,模拟数据和实测数据均表明 Fisher 距离是一种性能较稳定的质量图评价指标。在原有 Fisher 距离指标基础上,提出了一种改进的 Fisher 信息的质量图指标。该指标同时考虑像元的相干信息和空间相似信息,而且综合考虑了当前像元与周围 8 个像元的所有相邻像元的相似性信息。在理论上,新质量指标信息更全面,更能反映像元高质量特征。模拟数据和实测数据实验结果均表明,改进的质量图可以更有效地避免解缠行为过早穿过噪声严重区域导致的过多像元相位展开精度下降的问题。

(5)提出了一种针对不连续质量图的多参考点相位解缠策略。提出的多参考点区域增长方法可以省去区域合并步骤。提出一种新的多参考点选取方法,避免了过多参考点带来的估计的不一致性,同时又保证了所有的孤立的高质量区可以得到较高精度的解缠结果。模拟和实测数据均表明所提出的方法可行且有效。

7.2 创新点

(1)指出基于 Kalman 滤波思想的相位解缠方法更适合条纹密度大、噪声水平高的干涉图的相位展开。提出了一种简化的 CKF 相位解缠算法。从理论上分析并比较了 EKF、UKF 及 CKF 相位解缠方法的精度。理论及实验结果表明:在相位质量较好的区域,EKF 和 CKF 相位解缠的精度相当;在相位质量较差的区域,CKF 相位解缠精度较好。

(2)通过分析比较已有质量图各自的特性和适用性,提出了一种新的 Fisher 信息质量图指标。该指标同时考虑像元的相干信息和空间相似信息,不仅包含了当前像元与周围像元的 Fisher 信息,而且还包含了相邻像元之间的 Fisher 信息,所含信息更全面,相位解缠性能更稳定。

(3)提出了一种针对质量不连续干涉图的 CKF 相位解缠策略,即多参考点选取方法,省去了区域合并步骤,该方法避免了过多参考点带来的估计的不一致性,同时又保证了所有的孤立的高质量区可以得到较高精度的解缠结果。模拟和实测数据均表明,新方法在处理质量不连续干涉图时能取得较好的解缠结果。

7.3 展望

基于卡尔曼滤波的相位解缠方法,在解决条纹密度大、噪声水平高的干涉图时,由于其自身的去噪功能而具有独特的优势,可以较好地保留细节信息,从而具有较大的解缠能力。然而,卡尔曼滤波相位解缠模型包含了梯度信息、过程噪声和测量噪声统计信息。要想获得较高精度的解缠结果就需要获得较高的梯度估计精度、较准的噪声统计模型。目前,对噪声的统计性质还不十分明确,只是采用一些经验模型。另外,对于 Kalman 滤波技术在 3D 相位解缠中应用的研究还比较少,尤其对于形变引起的时序干涉图的相位解缠研究不足。因此,还有许多工作有待进一步的深入研究,主要包括:

(1)深入研究梯度估计算法,提高相位梯度估计精度。主要包括信噪比较低及条纹变化较快情形下的局部梯度估计方法。

(2)深入研究过程噪声和观测噪声的统计模型。根据噪声的统计规律选择合适的滤波解缠模型。当噪声为非高斯分布时,选择基于粒子滤波的相位解缠方法。对比分析几种类型的解缠方法对解缠精度的影响,评价噪声的统计性质对最终解缠结果的影响。

（3）研究卡尔曼滤波相位解缠方法在时序 D-InSAR/PSInSAR 中的应用，重点研究对于形变干涉图如何构建合理的解缠模型。

（4）研究对于实测数据的评价方法，重点研究对于形变干涉图如何构建合理的评价模型。

附录　本书实验所用数据介绍

模拟数据

数据一：简单地形模拟数据。仿真一组地形为锥形场景（256×256 像素，高度为 600m）的干涉图及其相位图，仿真参数如附表 1 所示。仿真干涉图由荷兰代尔夫特科技大学（Delft University of Technology, Holland）提供的 InSAR Toolbox 软件产生。仿真场景如附图 1(a)所示，真实干涉相位图如附图 1(b)所示，含噪声的缠绕相位图如附图 1(c)所示，相干图如附图 1(d)所示。解缠之前的相干系数的计算只考虑了几何失相干，由上面软件直接生成。由附图 1(c)及(d)可以看出，此组实验数据的特点是条纹稀疏且相干性较好。

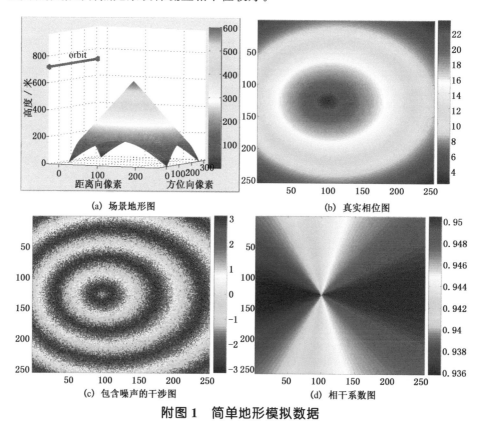

(a) 场景地形图　　　　　　　　(b) 真实相位图

(c) 包含噪声的干涉图　　　　　(d) 相干系数图

附图 1　简单地形模拟数据

Figure 1　Simulated data of simple terrain area

附表 1　简单地形干涉图基本仿真参数

Table 1　Simulation parameters of simple terrain interferogram

轨道高度	下视角	波长	基线倾角	地面分辨率	垂直基线
785 km	19°	0.056 66 m	10°	80 m×80 m	50 m

数据二：复杂地形模拟数据，垂直基线为 100 m。仿真场景采用一陡峭的多山地形，由 Matlab 软件中的 peaks 函数产生。该数据具有地势起伏大、陡峭度较高等特点，如附图 2(a) 所示。对此场景作模拟成像干涉，其参数如附表 2 所示。获得的真实相位图如附图 2(b) 所示，加噪缠绕干涉相位图如附图 2(c) 所示，相干图如附图 2(d) 所示。本实验的含噪干涉图，噪声由荷兰代尔夫特科技大学提供的软件产生，体现的是几何失相干程度。几何失相干严重的区域噪声大。可以看出，这组数据的条纹样式比较复杂，多个区域条纹比较密集。

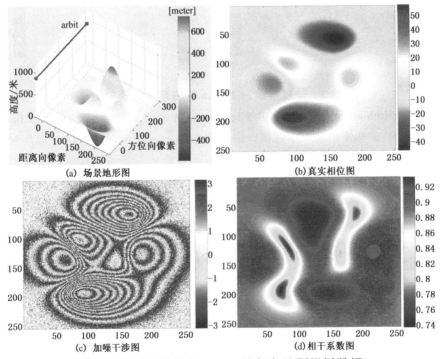

(a) 场景地形图　　(b) 真实相位图
(c) 加噪干涉图　　(d) 相干系数图

附图 2　垂直基线为 100 m 的复杂地形模拟数据

Figure 2　Simulated data of complex terrain area with 100 mperpendicular baseline

附表 2　复杂地形干涉图基本仿真参数

Table 2　Simulation parameters of complex terrain interferogram

轨道高度	下视角	波长	基线倾角	地面分辨率	垂直基线
785 km	19°	0.056 66 m	10°	80 m×80 m	50 m

数据三:复杂地形模拟数据,垂直基线为 150 m,其余参数同数据二。附图 3 为其对应的含噪声干涉图及对应的相干系数图。

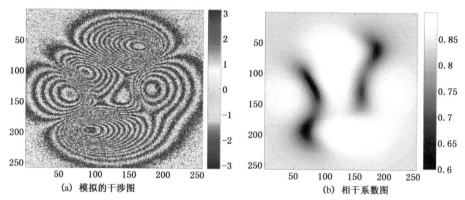

(a) 模拟的干涉图　　　　　　　(b) 相干系数图

附图 3　垂直基线为 150 m 的复杂地形模拟数据

Figure 3　Simulated data of complex terrain area with 150 mperpendicular baseline

数据四:多梯度山地地形数据。山形如附图 4(a)所示,附图 4(b)为其对应的干涉图。该区域山区包括四种坡度,代表着干涉图包括四种梯度。在干涉图中两区域分别加进了两种不同均方差的噪声。本组数据主要用来验证梯度和噪声对六种质量图指标的影响。

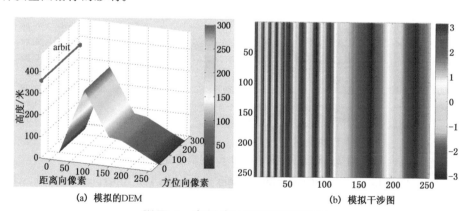

(a) 模拟的DEM　　　　　　　(b) 模拟干涉图

附图 4　多梯度山地的模拟数据

Figure 4　Simulated data of multi-slope mountainous area

数据五:质量不连续干涉图数据。模拟一坡度为常数的斜坡所对应的干涉图如附图 5 左所示。干涉图中加入了两种水平的噪声,在黑色的矩形框区域加入的是方差比较大的噪声,其他区域加入的噪声水平比较低。附图 5 右是其对应的伪相干系数图。从图中可以看到,高质量区域被矩形分成了左右两部分,从某一高质量区进入到另一高质量区不得不穿过低质量的矩形区。

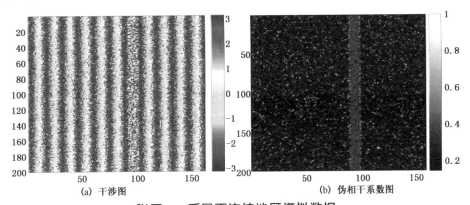

(a) 干涉图　　　　　　　　　　(b) 伪相干系数图

附图 5　质量不连续地区模拟数据

Figure 5　Simulateddata for area with discontinuous quality map

数据六:干涉图(附图 6)由 100×80 个像元组成,行方向 3.8 个条纹,列方向 5.6 个条纹。因此,行方向与列方向条纹频率的真值分别为 0.0380 Hz/pixel 和 0.070 Hz/pixel。

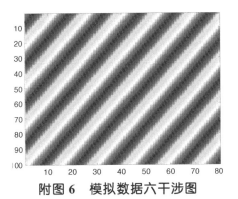

附图 6　模拟数据六干涉图

Figure 6　Interferogram of the simulated data 6

数据七:干涉图(附图 7)由 100×80 个像元组成,行方向 6 个条纹,列方向 10 个条纹。因此行方向与列方向条纹频率的真值分别为 0.060 Hz/pixel 和 0.1250 Hz/pixel。

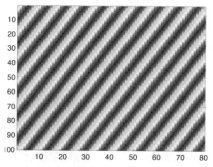

附图 7　模拟数据七干涉图

Figure 7　Interferogram of the simulated data 7

实测数据

本书所用实测数据均为 TerraSAR-X 卫星影像数据。下面首先对 TerraSAR-X 卫星作简单介绍。

TerraSAR-X 卫星由德国空间中心（German Aerospace Center，DLR）和欧洲 EADS Astrium 公司合作开发，于 2007 年 6 月在俄罗斯发射升空，设计寿命 5 年。TerraSAR-X 具有较高的空间分辨率和较短的重访周期，能为干涉测量提供高质量的雷达数据，是目前最为先进的 SAR 卫星之一。附表 3 为 TerraSAR-X 的基本参数。

附表 3　TerraSAR-X 数据获取参数

Table 3　Parameters for TerraSAR-X acquistion

模式	参数
成像模式	Stripmap
频率	9.6 GHZ
波长	3.1 cm
极化方式	HH
带宽	50 km
入射角	~26°
距离向分辨率	0.9 m
方位向分辨率	1.9 m
重访周期	11 days
轨道精度	~10 cm
成像范围	30 km×50 km
轨道	降轨

本书由实测数据生成的干涉图分为两类，一类是形变干涉图（数据 A、数据 B

及数据 C),一类是地形干涉图(数据 D)。前者利用两轨 DInSAR 处理方法,外部 DEM 是通过收集研究区航拍地形图资料,并结合 GPS 控制点信息,生成的 4 m 分辨率的 DEM,简称 Relief-DEM。后者是对一稳定区域的两景 SAR 影像作干涉形成的干涉图。两种干涉图的生成都是采用 Gamma 软件获得。相位解缠步骤采用我们自己的算法。

数据 A:数据为覆盖山西太原古交矿区 18a203 工作面的两景 TerraSAR-X 影像,时间为 2013 年 1 月 4 日及 2013 年 1 月 15 日。通过收集和整理矿区资料及 GPS 观测数据,18a203 工作面在 2013 年 1 月 4 日至 2013 年 1 月 15 日期间为活动工作面,一个卫星过境周期平均下沉大约 20～30 cm(视线向 80～100 弧度)。由于此研究区地面覆盖主要为植被,因此斑点噪声比较严重。附图 8 给出了视数分别为单视、2 视及 4 视情形下的差分干涉图及相应的相干系数图。可以看出,工作面中心下沉幅度较大,失相干较严重。

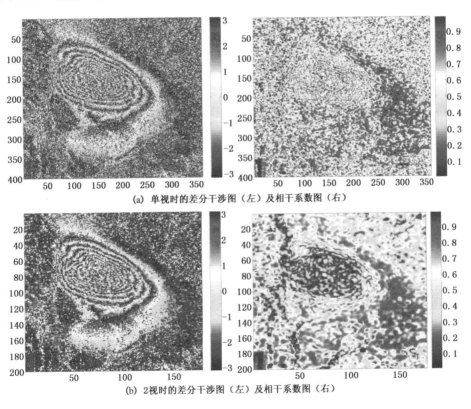

(a) 单视时的差分干涉图(左)及相干系数图(右)

(b) 2 视时的差分干涉图(左)及相干系数图(右)

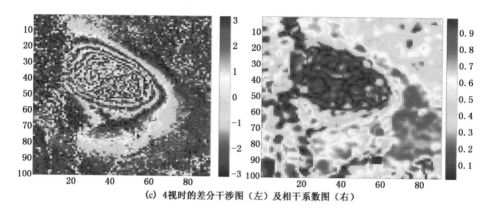

(c) 4视时的差分干涉图（左）及相干系数图

附图 8　不同视数下实测数据 A 差分干涉图和对应的相干系数图

**Figure 8　Differential interferogramsand coherence
mapsfor real data A under different number of looks**

　　数据 B：数据由覆盖神东矿区大柳塔煤矿 52304 工作面的两景 TerraSAR-X 影像生成，影像获取时间为 2013 年 4 月 2 日及 2013 年 4 月 24 日。此区域地形较平缓，略有缓坡，有荒草沙石覆盖。植被类型有低矮灌木、沙生植被，荒草地较多。由搜集资料知，此工作面在 2013 年 4 月 2 日至 2013 年 4 月 24 日期间为采煤活动后期，下沉速度较慢。2 视、4 视处理后的干涉图及对应的伪相干图如附图 9 所示。

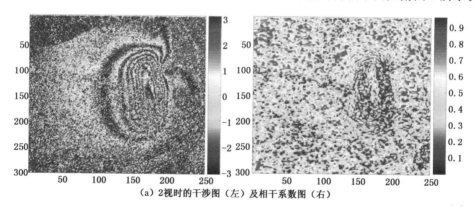

（a）2视时的干涉图（左）及相干系数图（右）

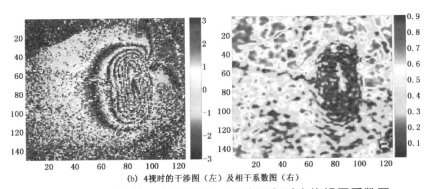

(b) 4视时的干涉图（左）及相干系数图（右）

附图 9 不同视数下实测数据 B 干涉图和对应的相干系数图

Figure 9 Differential interferograms and coherence maps

for real data B under different numbers of multi-looks

数据 C：数据由覆盖山西太原古交矿区 18a203 工作面的两景 TerraSAR-X 影像生成，时间为 2012 年 11 月 21 日及 2012 年 12 月 2 日。其工作面下沉情况与数据 A 类似，但由于气候原因，此周期形成的干涉图噪声较大。2 视、4 视处理后的干涉图及对应的伪相干图如附图 10 所示。

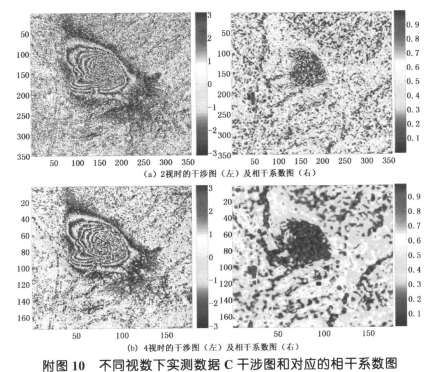

（a）2视时的干涉图（左）及相干系数图（右）

（b）4视时的干涉图（左）及相干系数图（右）

附图 10 不同视数下实测数据 C 干涉图和对应的相干系数图

Figure 10 Differential interferograms and coherence maps

for real data C under different numbers of multi-looks

数据 D：数据为覆盖山西太原古交矿区某一稳定区域的两景 TerraSAR-X 影像，时间为 2013 年 1 月 4 日及 2013 年 1 月 15 日。本组数据是用来求解地形相位的，不包含形变信息。附图 11(a)为两景影像生成的 2 视干涉图，(b)为其对应的相干系数图，(c)为由本区域对应的 Relief-DEM 模拟的地形相位，(d)为模拟的地形相位的反缠绕图。

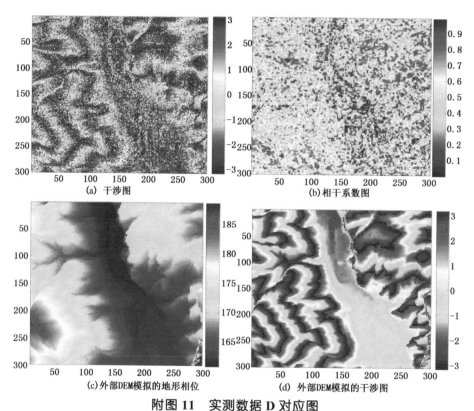

(a) 干涉图 (b)相干系数图

(c)外部DEM模拟的地形相位 (d) 外部DEM模拟的干涉图

附图 11　实测数据 D 对应图

Figure 11　Corresponding maps for real data D

参考文献

[1] 王超,张红,刘智.星载合成孔径雷达干涉测量[M].北京:科学出版社,2002.

[2] 廖明生,林晖.雷达干涉测量——原理与信号处理基础[M].北京:测绘出版社,2003.

[3] 舒宁.雷达影像干涉测量原理[M].武汉:武汉大学出版社,2003.

[4] 李平湘,杨杰.雷达干涉测量原理与应用[M].北京:测绘出版社,2006.

[5] Hanssen R F. Radar Interferometry:Data Interpretation and Error Analysis [M]. Dordrecht,The Netherlands:Kluwer Academic Publishers,2001.

[6] 刘国祥. Monitorning of Ground Deformaitons with Radar Interferometry [M].北京:测绘出版社,2006.

[7] 何秀凤,何敏.InSAR 对地观测数据处理方法与综合测量[M].北京:科学出版社,2012.

[8] 焦明连,蒋廷臣.合成孔径雷达干涉测量理论与应用[M].北京:测绘出版社,2009.

[9] 马超,单新建.星载合成孔径雷达差分干涉测量(D-InSAR)技术在形变监测中的应用概述[J].中国地震,2004(4):88-96.

[10] 李永生.高级时序 InSAR 地面形变监测及地震同震震后形变反演[D].哈尔滨:地震局工程力学研究所,2014.

[11] Nishimura T,Fujiwara S,Murakami M,et al. The M6. 1 earthquake triggered by volcanic inflation of Iwate volcano,northern Japan,observed by satellite radar interferometry[J]. Geophysical Research Letters,2001,28 (4):635-638.

[12] D'Oreye N,Gonzalez P J,Shuler A,et al. Source parameters of the 2008 Bukavu-Cyangugu earthquake estimated from InSAR and teleseismic data [J]. Geophysical Journal International,2011,184(2):934-948.

[13] Cheloni D,Giuliani R,D'Anastasio E,et al. Coseismic and post-seismic slip of the 2009 L'Aquila (central Italy) M-w 6. 3 earthquake and implications for seismic potential along the Campotosto fault from joint inversion of high-precision levelling,InSAR and GPS data[J]. Tectonophysics,2014,622: 168-185.

［14］Patrick M R,Frazer L N,Brooks B A. Probabilistic modeling of eruptive activity at Etna volcano using InSAR surface displacements and ATSR thermal radiance［J］. Geophysical Research Letters,2006,33(L1831218).

［15］廖明生,唐婧,王腾,等.高分辨率 SAR 数据在三峡库区滑坡监测中的应用［J］.中国科学:地球科学,2012(2):217-229.

［16］Refice A,Bovenga F,Wasowski J,et al. Use of InSAR data for landslide monitoring:a case study from Southern Italy［C］//STEIN T I. IEEE International Symposium on Geoscience and Remote Sensing (IGARSS). NEW YORK:IEEE,2000:2504-2506.

［17］Rott H. Advances in interferometric synthetic aperture radar (InSAR) in earth system science［J］. Progress in Physical Geography, 2009, 33 (6): 769-791.

［18］Jonsson S. Slope creep in East Iceland observed by satellite radar interferometry［J］. Jokull,2009(59):89-102.

［19］Larour E,Rignot E,Joughin I,et al. Rheology of the Ronne Ice Shelf,Antarctica,inferred from satellite radar interferometry data using an inverse control method［J］. Geophysical Research Letters,2005,32(L055035).

［20］李珊珊,李志伟,胡俊,等. SBAS-InSAR 技术监测青藏高原季节性冻土形变［J］.地球物理学报,2013,56(5):1476-1486.

［21］Coren F,Delisle G,Sterzai P. Ice dynamics of the Allan Hills meteorite concentration sites revealed by satellite aperture radar interferometry［J］. Meteoritics & Planetary Science,2003,38(9):1319-1330.

［22］胡宁科.浅析 INSAR、GPS 和 GIS 技术在油田开采地面下沉中的应用［C］//《测绘通报》测绘科学前沿技术论坛,江苏南京,2008.

［23］Doyle G S,Stow R J,Inggs M R. Satellite radar interferometry reveals mining induced seismic deformation in South Africa［C］//IEEE International Symposium on Geoscience and Remote Sensing (IGARSS). NEW YORK:IEEE,2001:2037-2039.

［24］Wang X,Zhang Y,Jiang X,et al. A Dynamic Prediction Method of Deep Mining Subsidence Combines D-InSAR Technique［C］. 2011 3Rd International Conference on Environmental Science and Information Application Technology Esiat ,2011,10(C):2533-2539.

［25］Chao M. A study of mining-induced subsidence in Hebi coalfield based on D-InSAR［J］. Land Surface Remote Sensing Ii,2014,9260(UNSP 92601D).

［26］ Liu D,Shao Y,Liu Z,et al. Evaluation of InSAR and TomoSAR for Monitoring Deformations Caused by Mining in a Mountainous Area with High Resolution Satellite-Based SAR[J]. Remote Sensing,2014,6(2):1476-1495.

［27］ Zhang Z,Wang C,Tang Y,et al. Subsidence monitoring in coal area using time-series InSAR combining persistent scatterers and distributed scatterers [J]. International Journal of Applied Earth Observation and Geoinformation,2015,39:49-55.

［28］ 俞晓莹.改进的 SBAS 地表形变监测及地下水应用研究[D].长沙:中南大学,2012.

［29］ 张红,王超,吴涛,等.基于相干目标的 DInSAR 方法研究[M].北京:科学出版社,2009.

［30］ Gong L X,Zhang J F,Gu Q S. Measure groundwater pumping induced subsidence with D-InSAR[C]//IEEE International Symposium on Geoscience and Remote Sensing (IGARSS). NEW YORK:IEEE,2005:2169-2171.

［31］ Ding X,Huang W. D-InSAR monitoring of crustal deformation in the eastern segment of the Altyn Tagh Fault[J]. International Journal of Remote Sensing,2011,32(7):1797-1806.

［32］ Schloegel R,Doubre C,Malet J,et al. Landslide deformation monitoring with ALOS/PALSAR imagery:A D-InSAR geomorphological interpretation method[J]. Geomorphology,2015,231:314-330.

［33］ Sun Q,Zhang L,Hu J,et al. Characterizing sudden geo-hazards in mountainous areas by D-InSAR with an enhancement of topographic error correction[J]. Natural Hazards,2015,75(3):2343-2356.

［34］ Liu H,Xing M,Bao Z. A Cluster-Analysis-Based Noise-Robust Phase-Unwrapping Algorithm for Multibaseline Interferograms[J]. Ieee Transactions on Geoscience and Remote Sensing,2015,53(1):494-504.

［35］ 李德仁,周月琴,马洪超.卫星雷达干涉测量原理与应用[J].测绘科学,2000(1):9-12.

［36］ 刘国祥,刘文熙,黄丁发.InSAR 技术及其应用中的若干问题[J].学术动态,2001(1):21-24.

［37］ Liu G X,Ding X L,Chen Y Q,et al. Ground settlement of Chek Lap Kok Airport,Hong Kong,detected by satellite synthetic aperture radar interferometry[J]. Chinese Science Bulletin,2001,46(21):1778-1782.

［38］ 吴立新,高均海,葛大庆,等.工矿区地表沉陷 D-InSAR 监测试验研究[J].东

北大学学报,2005,26(8):778-782.

[39] 朱建军,邢学敏,胡俊,等. 利用 InSAR 技术监测矿区地表形变[J]. 中国有色金属学报,2011(10):2564-2576.

[40] 刘振国. DInSAR 技术在矿区地表重复采动开采沉陷监测中的应用研究[D]. 徐州:中国矿业大学,2014.

[41] 于瀚雯. 单/多基线相位解缠绕技术研究[D]. 西安:西安电子科技大学,2012.

[42] 杨锋涛,罗江龙,刘志强,等. 相位展开的 6 种算法比较[J]. 激光技术,2008,32 (3):323-326.

[43] 刘国祥,陈强,罗小军,等. 永久散射体雷达干涉理论与方法[M]. 北京:科学出版社,2012.

[44] Goldstein R M,Zebker H A,Werner C. Satellite Radar Interferometry:Two-dimensional Phase Unwrapping[J]. Radio Science,1988,23(4):713-720.

[45] 王超,张红. 相位解缠算法的发展及其分析[J]. 国外地质勘探技术,1999(6): 1-5.

[46] Liu Z,Bian Z,Lü F,et al. Monitoring on subsidence due to repeated excavation with DInSAR technology[J]. International Journal of Mining Science & Technology,2013,23(2):173-178.

[47] Xiao F,Wu J C,Zhang L,et al. A new method about placement of the branch cut in two-dimensional phase unwrapping[C]. NEW YORK:IEEE,2007: 755-759.

[48] Zhou K,Zaitsev M,Bao S. Reliable Two-Dimensional Phase Unwrapping Method Using Region Growing and Local Linear Estimation[J]. Magnetic Resonance in Medicine,2009,62(4):1085-1090.

[49] Xie X,Li Y. Enhanced phase unwrapping algorithm based on unscented Kalman filter,enhanced phase gradient estimator,and path-following strategy [J]. Applied Optics,2014,53(18):4049-4060.

[50] Loffeld O,Nies H,Knedlik S,et al. Phase Unwrapping for SAR Interferometry—A Data Fusion Approach by Kalman Filtering[J]. Ieee Transactions on Geoscience and Remote Sensing,2008,46(1):47-58.

[51] 刘国林,郝华东,陶秋香. 卡尔曼滤波相位解缠及其与其他方法的对比分析 [J]. 武汉大学学报(信息科学版),2010(10):1174-1178.

[52] 谢先明. 结合滤波算法的不敏卡尔曼滤波器相位解缠方法[J]. 测绘学报, 2014(7):739-745.

[53] Kramer R,Loffeld O. Phase Unwrapping for SAR Interferometry with Kal-

man Filtering：Proceedingsof the EUSAR′1996 Conference［C］. NEW YORK：IEEE,1996.

［54］ Rodgers A E,Ingalls R P. Venus：mapping the surface reflectivity by radar interferometry［J］. Science,1969,165：797-799.

［55］ Zisk S H. Lunar topography：first radar-interferometer measurement of the alphonsus-arzachel regine［J］. Science,1972,178：977-980.

［56］ Zisk S H. A new earth-based radar technique for the measurement of lunar topography［J］. Moon,1972,4：296-306.

［57］ Graham L C. Synthetic interferometer radar for topographic mapping［J］. Proceedings of the Ieee,1974,62：763-768.

［58］ 傅拓. 面向地震监测区的 InSAR 相位解缠算法的比较与研究［D］. 徐州：中国矿业大学,2013.

［59］ 刘国祥. InSAR 基本原理［J］. 四川测绘,2004(4)：187-190.

［60］ Fried D L. Least-squares fitting a wave-front distortion estimate to an array of phase-difference measurement［J］. Journal of the Optical Society of America,1977,67：370-375.

［61］ Itoh K. Analysis of the phase unwrapping problem［J］. Applied Optics,1982,21：720-727.

［62］ Ghiglia D,Pritt M D. Two-dimensional phase unwrapping［M］. New York：John Wiley & Sons,1998.

［63］ Huntley J M. Three-dimensional noise-immune phase unwrapping algorithm.［J］. Applied Optics,2001,40(23)：3901-3908.

［64］ Cusack R,Papadakis N. New Robust 3-D Phase Unwrapping Algorithms：Application to Magnetic Field Mapping and Undistorting Echoplanar Images ［J］. Neuroimage,2002,16(3)：754-764.

［65］ Andrew H,Zebker H A. Phase unwrapping in three dimensions with application to InSAR time series.［J］. Journal of the Optical Society of America,2007,24(9)：2737-2747.

［66］ Osmanoglu B,Dixon T H,Wdowinski S. Three-Dimensional Phase Unwrapping for Satellite Radar Interferometry,I：DEM Generation［J］. Ieee Transactions on Geoscience and Remote Sensing,2014,52(2)：1059-1075.

［67］ 郝华东. 卡尔曼滤波在 InSAR 相位解缠中的应用研究［D］. 青岛：山东科技大学,2010.

［68］ 谢先明. InSAR 及多基线 InSAR 关键技术研究［D］. 成都：电子科技大

学,2011.

[69] Ghiglia D C,Mastin G A,Romero L A. Cellular Automata Method for Phase Unwrapping[J]. Journal of the Optical Society of America a:Optics and Image Science,and Vision,1987,4(1):267-280.

[70] HuntleyJ M. Noise-immune phase unwrapping algorithm[J]. Applied Optics,1989,28(16):3268-3270.

[71] Huntley J M,Saldner H. Temporal phase-unwrapping algorithm for automated interferogram analysis[J]. Applied Optics,1993,32(17):3047-3052.

[72] Prati C,Giani M,Leuratti N. A 2-d phase unwrapping technique based on phase and absolute values informaiton:Proceedings of the 1990 International Geoscience and Remote Sensing Symposium[C]. NEW YORK:IEEE,1990.

[73] Flynn T J. Consistent 2-d phase unwrapping guided by a quality map:Proceeding of the 1996 International Geoscience and Remote Sensing Symposium[C]. NEW YORK:IEEE,1996.

[74] Quiroga J A,Gonzalez-Cano A,Bernaben E. Phase-unwrapping algorithm based on an adaptive criterion[J]. Applied Optics,1995,34:2560-2563.

[75] Yamaki R, Hirose A. Singularity-spreading phase unwrapping[J]. Ieee Transactions on Geoscience and Remote Sensing,2007,45:3240-3251.

[76] 魏志强,金亚秋.基于蚁群算法的 InSAR 相位解缠算法[J].电子与信息学报,2008,30:518-523.

[77] Gao D,Yin F. Mask Cut Optimization in Two-Dimensional Phase Unwrapping[J]. Ieee Geoscience and Remote Sensing Letters,2012,9(3):338-342.

[78] Bone D J. Fourier fringe analysis:the Two-dimensional phase unwrapping[J]. Applied Optics,1991,30(1):3627-3632.

[79] Cusack R,Huntley J M,Goldrein H T. Improved noise-immune phase-unwrapping algorithm[J]. Applied Optics,1995,34(5):781-789.

[80] Xu W,Cuming I. A region-growing algorithm for InSAR phase unwrapping[J]. Ieee Transactions on Geoscience and Remote Sensing,1999,37(1):124-134.

[81] Osmanoglu B,Dixon T,Wdowinski S,et al. On the importance of path for phase unwrapping in synthetic aperture radar interferometry[J]. Applied Optics,2011,50(19):3205-3220.

[82] Zhong H,Tang J,Zhang S,et al. An improved quality-guided phase-unwrapping algorithm based on priority queue[J]. Ieee Transactions on Geoscience

and Remote Sensing Letters,2011(8):364-368.

[83] Zhong H,Tang J,Zhang S,et al. A Quality-Guided and Local Minimum Discontinuity Based Phase Unwrapping Algorithm for InSAR/InSAS Interferograms[J]. Ieee Geoscience and Remote Sensing Letters,2014,11（1）:215-219.

[84] Liu G,Wang R,Deng Y,et al. A New Quality Map for 2-D Phase Unwrapping Based on Gray Level Co-Occurrence Matrix[J]. Ieee Geoscience and Remote Sensing Letters,2014,11(2):444-448.

[85] Liu W,Bian Z,Liu Z,et al. Evaluation of a Cubature Kalman Filtering-Based Phase Unwrapping Method for Differential Interferograms with High Noise in Coal Mining Areas[J]. Sensors,2015,15(7):16336-16357.

[86] Flynn T J. Two-dimensional phase unwrapping with minimum weighted discontinuity[J]. Journal of the Optical Society of America a:Optics and Image Science,and Vision,1997,14(2):2692-2701.

[87] 索志勇,李真芳,保铮. 基于残点识别的环路积分校正 InSAR 相位展开方法[J]. 电子学报,2006(6):977-980.

[88] 岑小林,毛建旭. 质量图和残差点相结合的 InSAR 相位解缠方法[J]. 遥感技术与应用,2008(5):556-560.

[89] 毕海霞,魏志强. 基于区域识别和区域扩展的相位解缠算法[J]. 电波科学学报,2015,30(2):244-251.

[90] Takajo H,Takahashi T. Least-squares phase estimation from the phase difference[J]. Journal of the Optical Society of America,1988,5（3）:416-425.

[91] Ghiglia D C,Romero L A. Robust two-dimensional weighted and unweighted phase unwrapping that uses fast transforms and iterative methods[J]. Journal of the Optical Society of America a:Optics and Image Science,and Vision,1994,11(1):107-117.

[92] Pritt M D,Shipman J S. Least-squares two-dimensional phase unwrapping using FFTs[J]. Ieee Transactions on Geoscience and Remote Sensing,1994,32(3):706-718.

[93] Fornaro G,Franceschetti G,Lanari R. Interferometric SAR phase unwrapping using Green's formulation[J]. Ieee Transactions on Geoscience & Remote Sensing,1996,34(3):720-727.

[94] Pritt M D. Phase unwrapping by means of multigrid techniques for interfero-

metric SAR[J]. Ieee Transactions on Geoscience & Remote Sensing,1996, 34(3):728-738.

[95] Ghiglia D C,Romero L A. Minimum L-p- norm two-dimensional phase unwrapping[J]. Journa of the Optical Society of Ameria,1996,13(10):1-15.

[96] Chen C W,Zebker H A. Network approaches to two-dimensional phase unwrapping:intractability and two new algorithms [J]. Journal of the Optical Society of America a-Optics Image Science and Vision,2001,18(5):1192.

[97] Chen C W,Zebker H A. Two-dimensional phase unwrapping with use of statistical models for cost functions in nonlinear optimization[J]. Journal of the Optical Society of America a-Optics Image Science and Vision,2001,18(2): 338-351.

[98] Chen C W,Zebker H A. Phase unwrapping for large SAR inerferograms: Statistical segmentationn and generalized network models[J]. Ieee Transactions on Geoscience and Remote Sensing,2002,40:1709-1719.

[99] Yang L,Feng Q,Wang Z. Optimized minimum spanning tree phase unwrapping algorithm for phase image of interferometeric SAR[J]. International Conference on Its Proceedings,2006(6):1240-1243.

[100] 王正勇,朱挺,何小海,等. 一种残差点退化的四向最小二乘 InSAR 相位解缠算法[J]. 四川大学学报(工程科学版),2010(1):185-190.

[101] 陈强,杨莹辉,刘国祥,等. 基于边界探测的 InSAR 最小二乘整周相位解缠方法[J]. 测绘学报,2012(3):441-448.

[102] 于瀚雯,保铮. 利用 L~1 范数的多基线 InSAR 相位解缠绕技术[J]. 西安电子科技大学学报,2013(4):37-41.

[103] 刘会涛,邢孟道,保铮. 利用 L~∞＋L~1 范数的多基线相位解缠绕方法 [J]. 电子与信息学报,2015(5):1111-1115.

[104] Costantini A. A novel phase unwrapping method based on network programming[J]. Ieee Transactions on Geoscience and Remote Sensing,1998, 36(3):813-821.

[105] Carballo G F,Fieguth P W. Probabilistic Cost Functions for Networks Flow Phase Unwrapping[J]. Ieee Transactions on Geoscience and Remote Sensing,2000,38(5):2192-2201.

[106] Chen C W,Zebker H A. Network approaches to two-dimensional phase unwrapping:intractability and two new algorithms[J]. Journal of the Optical Society of America a-Optics Image Science and Vision, 2000, 17 (3):

401-414.

[107] 于勇,王超,张红,等.基于不规则网络下网络流算法的相位解缠方法[J].遥感学报,2003(6):472-477.

[108] Agram P S,Zebker H A. Sparse Two-Dimensional Phase Unwrapping Using Regular-Grid Methods[J]. Ieee Geoscience and Remote Sensing Letters,2009,6(2):327-331.

[109] Chen J F,Chen H Q,Ren H X. Least squares phase unwrapping algorithm based on the wavelet transform[J]. Optical Technique, 2007, 33 (4): 598-613.

[110] Chen J F,Chen H Q. Weighted least squares phase unwrapping algorithm based on multiresolution wavelet transform[J]. Journal of Optoelectronics Laser,2008,19(4):514-517.

[111] Pepe A,Euillades L D,Manunta M,et al. New Advances of the Extended Minimum Cost Flow Phase Unwrapping Algorithm for SBAS-DInSAR Analysis at Full Spatial Resolution[J]. Ieee Transactions on Geoscience and Remote Sensing,2011,49(10):4062-4079.

[112] Imperatore P,Pepe A,Lanari R. Multichannel Phase Unwrapping:Problem Topology and Dual-Level Parallel Computational Model[J]. Ieee Transactions on Geoscience and Remote Sensing,2015,53(10):5774-5793.

[113] 何儒云,王耀南,毛建旭,等.基于支持向量机的 InSAR 干涉图相位解缠法[J].系统仿真学报,2008(6):1493-1496.

[114] 吕岚,张晓玲,韦顺军.基于模拟退火法的优化线阵的前视三维 SAR 模型[J].计算机工程与应用,2012(2):135-138.

[115] 郭春生.优化的区域增长 InSAR 相位解缠算法[J].中国图像图形学报,2006(10):1380-1386.

[116] 曾凡光.基于图割的相位解缠:在 InSAR 相位解缠方面的应用[D].昆明:昆明理工大学,2014.

[117] Marroquin J L,Maximino T,Rodriguez-Vera R,et al. Parallel algorithms for phase unwrapping based on Markov random field models[J]. Journal of the Optical Society of America,1995,12(12):2578-2585.

[118] Dias J M B,N L J M. The ZπM algorithm:a method for interferometric image reconstruction in SAR/SAS[J]. Ieee Transactions on Image Processing,2002,11(4):408-422.

[119] Dias J M B,N L J M. InSAR phase unwrapping:a Bayesian approach[J].

Ieee Geoscience and Remote Sensing Symposium,2001,1:396-400.

[120] Ying L,Liang Z P,Munson D C,et al. Unwrapping of MR phase images using a Markov random field model[J]. Ieee Transactions on Medical Imaging,2006,25(1):128-136.

[121] Ferraioli G,Shabou A,Tupin F,et al. Multichannel Phase Unwrapping With Graph Cuts[J]. Ieee Geoscience & Remote Sensing Letters,2009,6(3):562-566.

[122] Shabou A. Multi-label MRF Energy Minimization with Graph-cuts:application to Interferometric SAR Phase Unwrapping[D]. Paris:Telecom Paris Tech,2010.

[123] Adi K,Suksmono A B,Mengko T L R,et al. Phase Unwrapping by Markov Chain Monte Carlo Energy Minimization[J]. Ieee Geoscience and Remote Sensing Letters,2010,7(4):704-707.

[124] Chen R,Yu W,Wang R,et al. Integrated Denoising and Unwrapping of InSAR Phase Based on Markov Random Fields[J]. Ieee Transactions on Geoscience and Remote Sensing,2013,51(8):4473-4485.

[125] 何楚,石博,蒋厚军,等. 条件随机场的多极化 InSAR 联合相位解缠算法[J]. 测绘学报,2013(6):838-845.

[126] 秦永元. 卡尔曼滤波与组合导航原理[M]. 西安:西北工业大学出版社,1998.

[127] Loffeld O,Kramer R. Local Slope Estimation and Kalman Filtering:PIERS 1996,Innsbruck,[C]. NEW YORK:IEEE,1996.

[128] Kramer R,Loffeld O. Presentation of an improved Phase unwrapping algorithm based on Kalman filters combined with local slope estimation:Proceedings of the Fringe 96 Workshop on ERS SAR interferometry,Zurich,[C]. NEW YORK:IEEE,1997.

[129] Kim M G,Griffiths H D. Phase unwrapping of multibaseline interferometry using Kalman filtering[J]. Dgal Lbrary,1999,2:813-817.

[130] Osmanoglu B,Wdowinski S,Dixon T H,et al. InSAR phase unwrapping based on extended Kalman filtering:Radar Conference,[C]. NEW YORK:IEEE,2009.

[131] Martinez-Espla J J,Martinez-Marin T,Lopez-Sanchez J M. A Particle Filter Approach for InSAR Phase Filtering and Unwrapping[J]. Ieee Transactions on Geoscience and Remote Sensing,2009,47(4):1197-1211.

[132] Martinez-Espla J J, Martinez-Marin T, Lopez-Sanchez J M. An Optimized Algorithm for InSAR Phase Unwrapping Based on Particle Filtering, Matrix Pencil, and Region-Growing Techniques[J]. Ieee Geoscience and Remote Sensing Letters, 2009, 6(4):835-839.

[133] 刘国林, 独知行, 薛怀平, 等. 卡尔曼滤波在 InSAR 噪声消除与相位解缠中的应用[J]. 大地测量与地球动力学, 2006(2):66-69.

[134] 刘国林, 郝华东, 闫满, 等. 顾及地形因素的卡尔曼滤波相位解缠算法[J]. 测绘学报, 2011, 40(3):283-288.

[135] 谢先明, 皮亦鸣, 彭保. 一种基于 UPF 的干涉 SAR 相位展开方法[J]. 电子学报, 2011(3):705-709.

[136] 饶杨莉. InSAR 相位解缠算法研究及其软件开发[D]. 成都:西南交通大学, 2013.

[137] 葛大庆. 区域性地面沉降 InSAR 监测关键技术研究[D]. 北京:中国地质大学(北京), 2013.

[138] Xie X. Multi-baseline phase unwrapping algorithm for INSAR[J]. Journal of Systems Engineering and Electronics, 2013, 24(3):417-425.

[139] Liu W, Bian Z, Liu Z, et al. Evaluation of a Cubature Kalman Filtering-Based Phase Unwrapping Method for Differential Interferograms with High Noise in Coal Mining Areas[J]. Sensors, 2015, 15:16336-16357.

[140] Feng D Z, Bao Z, Xing M D, et al. Two-dimensional phase unwrapping based on the finite element method and FFT's[J]. Chinese Journal of Electronics, 2000, 9(3):263-269.

[141] 王秀萍. InSAR 图像相位解缠的最小费用流法及其改进算法研究[J]. 测绘科学, 2010, 35(4):129-131.

[142] Aoki T, Sotomaru T, Miyamoto Y, et al. Two-dimensional phase unwrapping by direct elimination of rotational vector fields from phase gradients obtained by heterodyne techniques[C]//Kujawinska M, Brown G M, Takeda M. Proceedings of the society of photo-optical instrumentation engineers (spie). Bellingham:Spie-int Soc Optical Engineering, 1998:162-169.

[143] Warner D W, Ghiglia D C, FitzGerrell A, et al. Two-dimensional phase gradient autofocus[C]//Fiddy M A, Millane R P. Proceedings of the society of photo-optical instrumentation engineers (spie). Bellingham:Spie-int Soc Optical Engineering, 2000:162-173.

[144] Baran I, Stewart M, Claessens S. A new functional model for determining

minimum and maximum detectable deformation gradient resolved by satellite radar interferometry[J]. Ieee Transactions on Geoscience and Remote Sensing,2005,43(4):675-682.

[145] Hussain Z M,Boashash B. Adaptive instantaneous frequency estimation of multicomponent FM signals using quadratic time-frequency distributions [J]. Ieee Transactions on Signal Processing,2002,50(8):1866-1876.

[146] Li Z L,Zou W B,Ding X L,et al. A quantitative measure for the quality of INSAR interferograms based on phase differences[J]. Photogrammetric Engineering and Remote Sensing,2004,70(10):1131-1137.

[147] Cai B,Liang D,Dong Z. A new adaptive multiresolution noise-filtering approach for SAR interferometric phase images[J]. Ieee Geoscience and Remote Sensing Letters,2008,5(2):266-270.

[148] Proakis J,Manolakis D. Digital Signal Processing[M]. Beijing:Publishing House of Electroics Industry,2012.

[149] Xie X,Pi Y. Phase noise filtering and phase unwrapping method based on unscented Kalman filter[J]. Journal of Systems Engineering and Electronics,2011,22(3):365-372.

[150] Xie X,Huang P,Liu Q. Phase Unwrapping Algorithm Based on Extended Particle Filter for SAR Interferometry[J]. Ieice Transactions On Fundamentals of Electronics Communications and Computer Sciences, 2014, E97A(1):405-408.

[151] Xie X,Pi Y. Multi-baseline phase unwrapping algorithm based on the unscented Kalman filter[J]. Iet Radar Sonar Navigation,2011,5(3):296-304.

[152] Arasaratnam I,Haykin S. Cubature Kalman Filters[J]. Ieee Transactions on Automatic Control,2009,54(6):1254-1269.

[153] Jia B,Xin M,Cheng Y. High-degree cubature Kalman filter[J]. Automatica,2013,49(2):510-518.

[154] 秦永元,张洪钺,汪叔华.卡尔曼滤波与组合导航原理[M]. 2 版.西安:西北工业大学出版社,2012.

[155] 孙枫,唐李军.Cubature 卡尔曼滤波与 Unscented 卡尔曼滤波估计精度比较 [J].控制与决策,2013,28(2):303-308.

[156] Gierull C H,Sikaneta I C. Estimating the effective number of looks in interferometric SAR data[J]. Ieee Transactions on Geoscience & Remote Sensing,2002,40(8):1733-1742.

［157］陈默,龙建忠,何小海,等.SAR 成像系统中的多视处理及多普勒调频斜率的估计[J].四川大学学报(自然科学版),2005,42(6):1150-1154.

［158］徐新,廖明生,朱攀,等.单视数 SAR 图像 Speckle 滤波方法的研究[J].武汉测绘科技大学学报,1999,24(4):312-316.

［159］徐新,廖明生,卜方玲.一种基于相对标准差的 SAR 图像 Speckle 滤波方法[J].遥感学报,2000,4(3):214-218.

［160］Goldstein R M,Werner C L. Radar interferogram filtering for geophysical applications[J]. Geophysical Research Letters,2015,25(21):4035-4038.

［161］Lu Y,Zhao W,Zhang X,et al. Weighted-phase-gradient-based quality maps for two-dimensional quality-guided phase unwrapping[J]. Optics and Lasers in Engineering,2012,50(10):1397-1404.

［162］Just D,Bamler R. Phase statistics of interferograms with applications to synthetic aperture radar[J]. Applied Optics,1994,33(20):4361-4368.

［163］Ohtsu N. A Threshold Selection Method from Gray-Level Histograms[J]. Systems Man & Cybernetics Ieee Transactions on Geoscience and Remote Sensing,1979,9(1):62-66.